U0598469

狂野未来

图书在版编目（CIP）数据

狂野未来 /（英）乔安娜・亚当斯，（英）道格・迪克生著；熊闽红，邓小妮译．—长沙：湖南少年儿童出版社，2016.7
ISBN 978-7-5562-2490-6

Ⅰ．①狂… Ⅱ．①乔… ②道… ③熊… ④邓… Ⅲ．①普通生物学—普及读物 Ⅳ．①Q1-49

中国版本图书馆 CIP 数据核字 (2016) 第 139765 号

KUANGYE WEILAI

狂野未来

总 策 划：吴双英　　策划编辑：周　霞
责任编辑：钟小艳　　质量总监：郑　瑾
文字统筹：王海燕　　封面设计：谢颖工作室　陈姗姗

出版人：胡　坚
出版发行：湖南少年儿童出版社
地址：湖南长沙市晚报大道89号　　邮编：410016
电话：0731-82196340（销售部）　82196313（总编室）
传真：0731-82199308（销售部）　82196330（综合管理部）
经销：新华书店

常年法律顾问：北京市长安律师事务所长沙分所 张晓军律师
印制：深圳当纳利印刷有限公司
开本：889×1194mm　1/16
印张：6
版次：2016年7月第1版
印次：2016年7月第1次印刷
定价：58.00元

Text Consultants: Professor R. McNeill Alexander, University of Leeds, UK;
Professor Bruce Tiffney, University of California, USA
Researchers: John Capener, Belinda Biggam

This Official Book was created by Preuße & Hülpüsch Grafi k-Design & SANBREEZE GmbH.
Managing Editor: Dougal Dixon
Author: Dougal Dixon
Senior Designer: Preuße & Hülpüsch Grafi k-Design, Berlin, Germany [www.kunstistarbeit.de]
Co-ordination, Editorial Support & Picture Research: Daniel Martin, Romy Bidassek
Illustrations: Bert Hülpüsch

This 1st edition is published in 2014 by The Future is Wild Australia Pty Ltd.
and is based upon the original television series created by The Future is Wild Ltd.

Executive Producer: Joanna Adams
Series Producer: Paul Reddish
Series Director: Steve Nichols
Series Writer: Victoria Coules
Animation Director: Peter Bailey
Producers: Jeremy Cadle & Clare Dornan
Production Manager: Wolfgang Knöpfler
Picture Researcher: Lawrence Breen
Editors: Liz Thoyts & Martin Elsbury
Composers: Nick Hooper & Paul Pritchard
Production Co-ordinator: Kansa Duncan

Copyright © Picture credits:
Bert Hülpüsch; The Future is Wild; Michael Römer; www.lb.net; istockphoto.com/
Fabio Filzi, Cirilopoeta, Guenter Guni,
Hougaard Malan, Geoarts, MvH, Patrick Poendl, Sipos Andras, KimsCreativeHub,
Lucyna Koch, Christian Wilkinson,
Tomasz Resiak, brytta, Alexander Zotov, Heinz Effner, Sergey Rusakov, Carlos Fierro, Dell/'Agostino, Michael Lynch,
Daniel Mallard, Julien Grondin, Martin Fischer, Stephen Inglis, Tom Tietz, Kyu Oh,
lunanaranja

（英）乔安娜·亚当斯　道格·迪克生/著

熊闽红　邓小妮/译

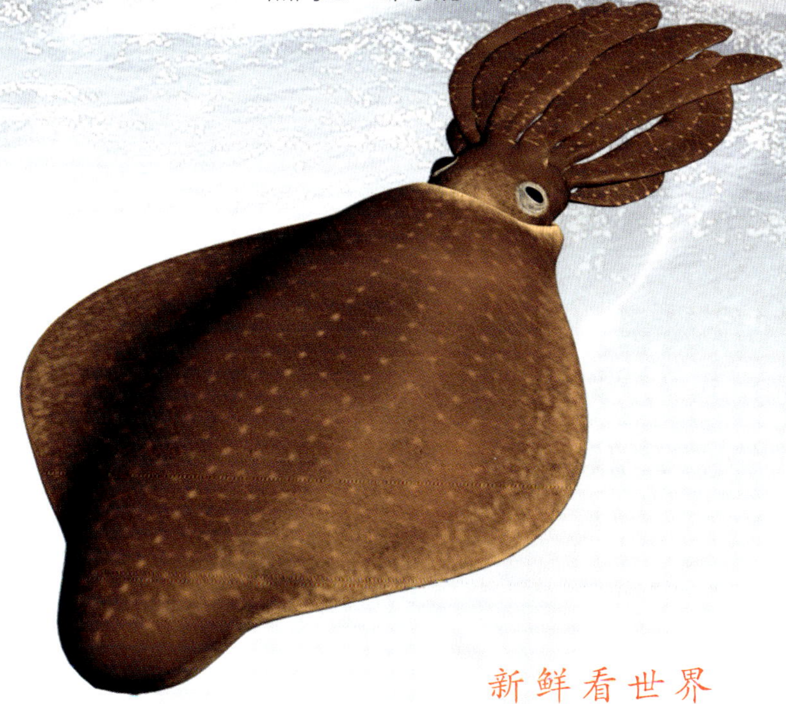

新鲜看世界

关于未来的博物学

目 录

《狂野未来》是一本关于进化的书，它利用现代科学协助我们想象未来世界。你会邂逅未来可能出现的奇妙生物，和它们一同面对严酷的环境和可怕的天敌，从而知晓它们艰难的生存历程。

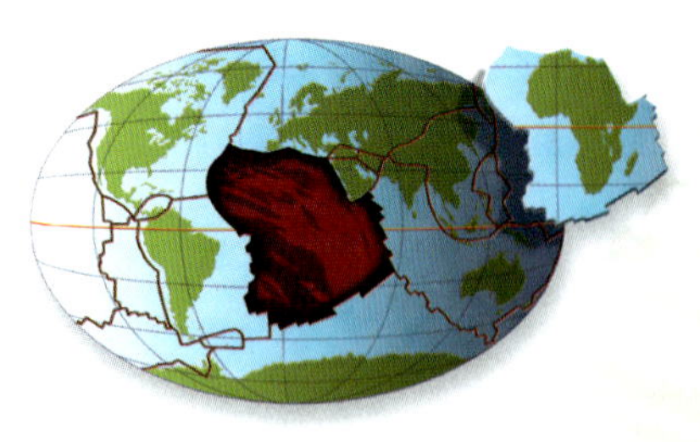

不断改变的地球

想象未来必须首先回顾过去。通过追踪地球生物的历史，我们可以获知进化规律，并据此预测未来的面貌。

正在变化的世界

万物不能只看表面。正如书中一页普普通通的纸却能呈现三维图像一样，最简单的地貌也能帮助我们揭开地球历史的秘密。通过对地壳岩石和矿物进行仔细的研究、解析和推断，我们便能绘制出地球远古时期的奇妙图景。不仅如此，凭借对已知事实的推断，我们还可以预测未来地球的奇异景观和狂野生物。

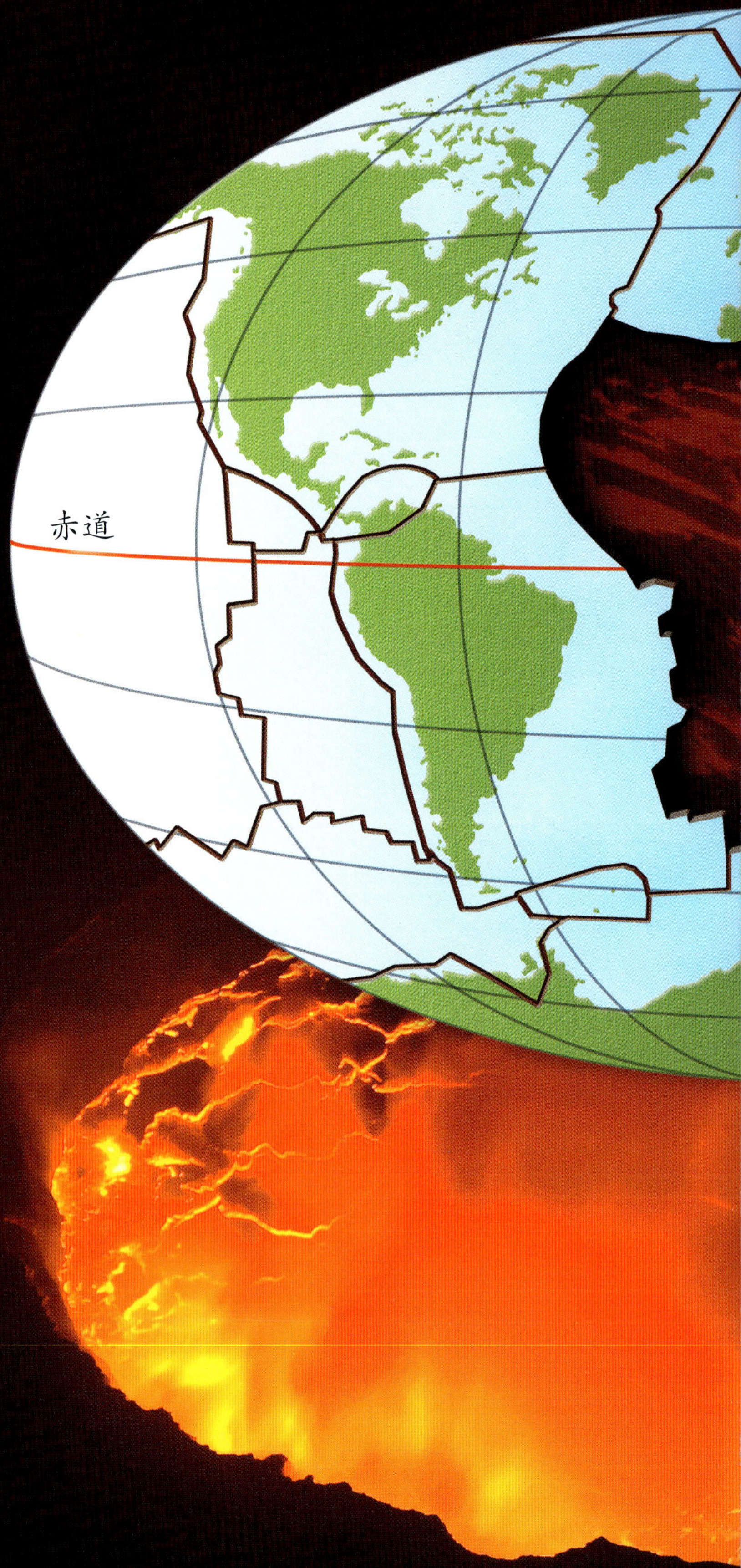

赤道

地球的构造

让我们看看地球的构造。地球像洋葱一样分为若干层：中心是高密度的金属质的地核，地核外面覆盖着厚厚的、由造岩物质构成的地幔，我们能直接接触到的唯一的部分是地壳——地球的表面层。

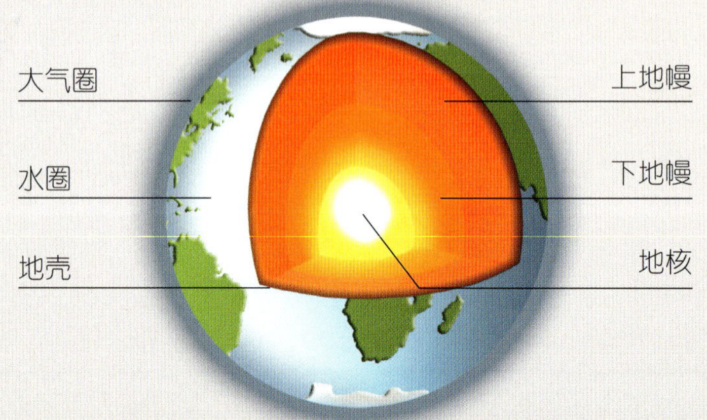

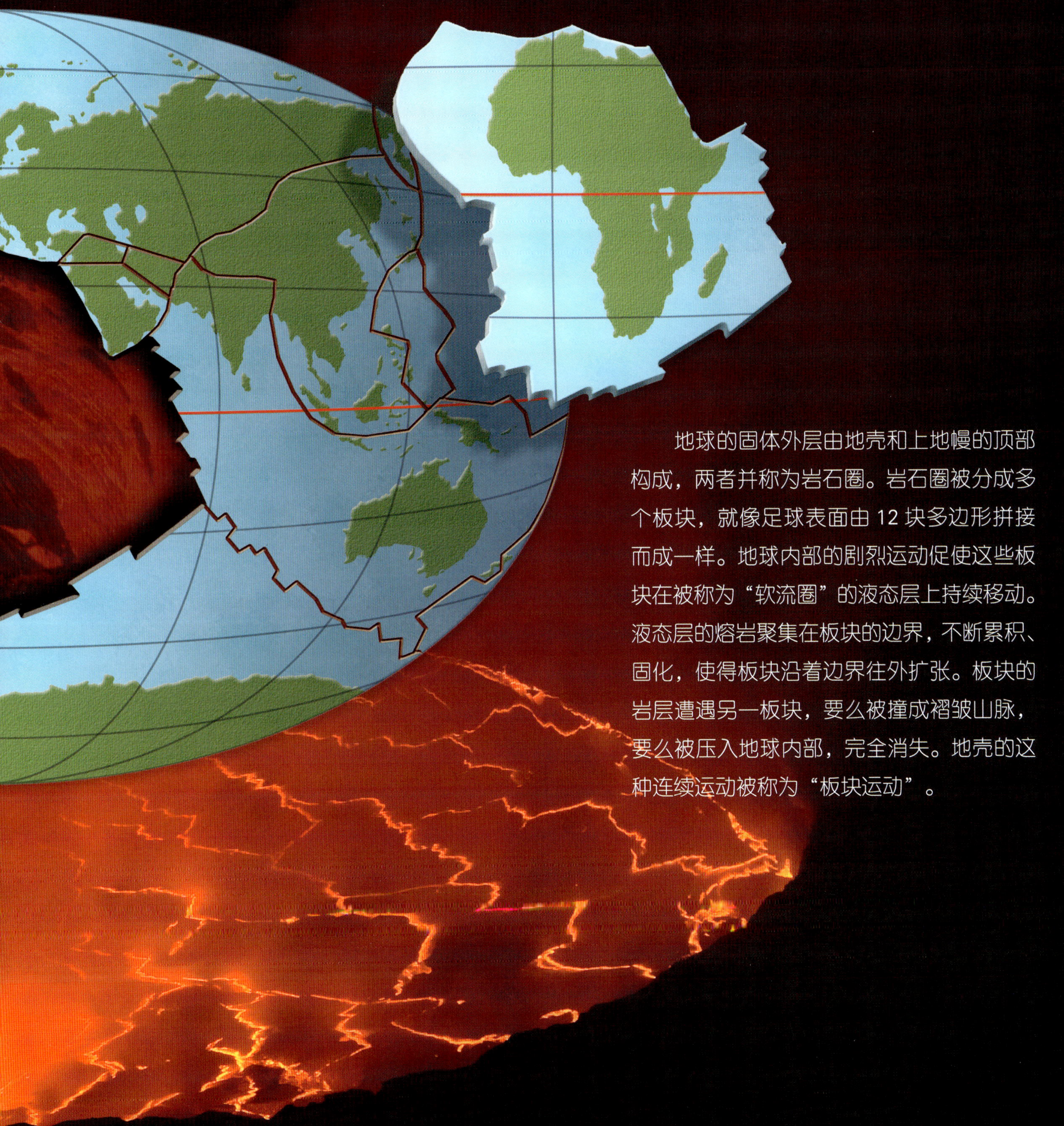

地球的固体外层由地壳和上地幔的顶部构成，两者并称为岩石圈。岩石圈被分成多个板块，就像足球表面由 12 块多边形拼接而成一样。地球内部的剧烈运动促使这些板块在被称为“软流圈”的液态层上持续移动。液态层的熔岩聚集在板块的边界，不断累积、固化，使得板块沿着边界往外扩张。板块的岩层遭遇另一板块，要么被撞成褶皱山脉，要么被压入地球内部，完全消失。地壳的这种连续运动被称为“板块运动”。

塑造地球

当我们想要描述某样东西古老而久远时，我们会说像青山一样亘古长存！然而，这样一个比喻实际上并不准确，青山通常不会比陆地上的其他事物更加古老。板块运动使得板块处在不断碰撞之中，要么大陆板块与大陆板块相撞，要么大陆板块与海洋板块相撞。当大陆板块与海洋板块相撞时，由于海洋板块的密度大于大陆板块的密度，海洋板块会俯冲到大陆板块之下。海洋板块的顶层及上面的沉积物被铲刮下来，附着到大陆板块的边沿。大陆板块的边沿受挤压而隆起抬高，从而形成我们看到的大型海岸山脉。这些山脉被不断地侵蚀，于是大陆的轮廓也在持续变化着。

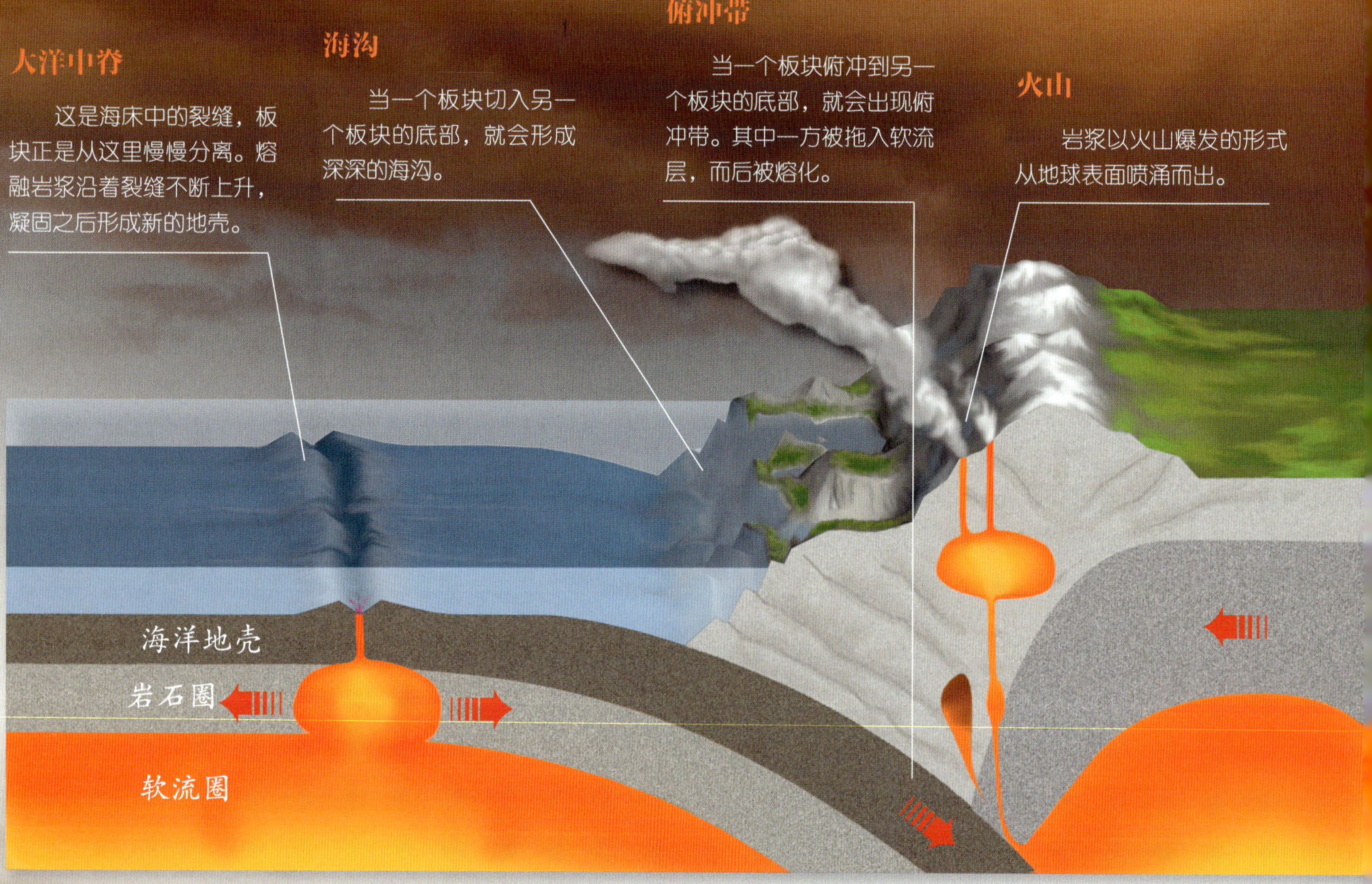

大洋中脊

这是海床中的裂缝，板块正是从这里慢慢分离。熔融岩浆沿着裂缝不断上升，凝固之后形成新的地壳。

海沟

当一个板块切入另一个板块的底部，就会形成深深的海沟。

俯冲带

当一个板块俯冲到另一个板块的底部，就会出现俯冲带。其中一方被拖入软流层，而后被熔化。

火山

岩浆以火山爆发的形式从地球表面喷涌而出。

板块运动造就高山、山脉和高原，侵蚀作用又使得它们的高度下降。绵绵细雨、严酷的霜冻和肆虐的狂风一起侵蚀着裸露的岩石，将高山碾成碎石和沙粒，将它们冲刷成跟海平面一样的高度。今天的高山可能是未来的平原。

高山

当两个板块靠拢时，大陆地壳受挤压叠在一起，形成被称为“褶皱山”的高山。

裂谷

在板块分裂开来的地方形成裂谷。

地震

有时板块既不分离也不靠拢，但会相互挤压碰撞，结果就出现了断层线，导致地震发生。

大陆地壳

大陆漂移

2 亿年前

早在三叠纪，地球表面的所有大陆都位于唯一的一块超级大陆上，这就是我们所说的“盘古大陆”。那时，盘古大陆由很多古老的大陆板块漂移拼合在一起。

1.2 亿年前

在侏罗纪时期，盘古大陆开始分裂。北部与南部分离，结果就形成了环绕赤道的海洋。温暖的洋流制造了雨水，为恐龙提供了适宜生长的亚热带气候。

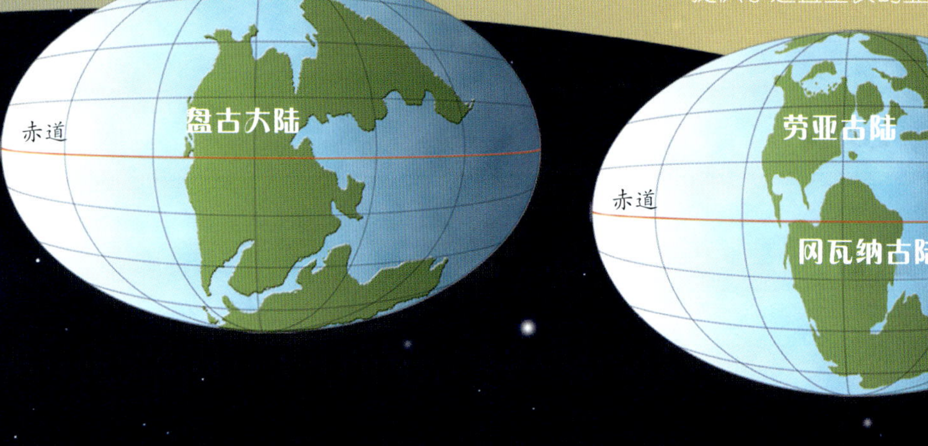

8000 万年前

到白垩纪的晚期，许多我们今天熟知的大陆从盘古大陆中分离出来，而且彼此间的距离越来越远。到恐龙时代晚期，各大陆中出现不同种类的恐龙。

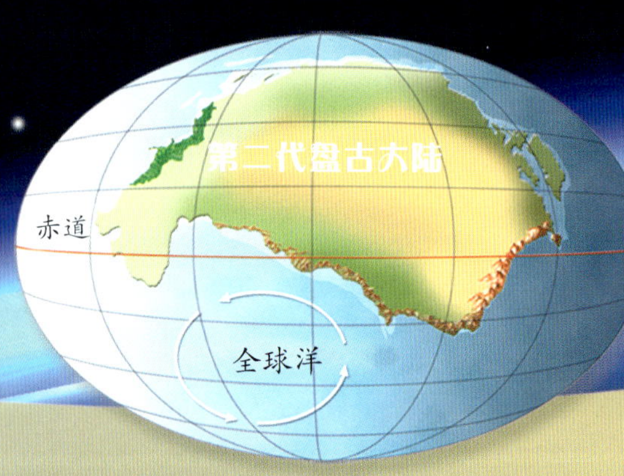

2 亿年后的未来

这时，所有的大陆会再一次靠拢，连成一片，形成另外一个超级大陆——第二代盘古大陆。和三叠纪一样，由于大陆大部分地区远离海洋，受海洋的影响减小，大陆的气候条件将会变得异常恶劣。

1 亿年后的未来

1 亿年后的大陆对于今天的我们来说十分陌生。由于地球温室效应，海平面将会越来越高，海水淹没大片陆地，形成了广阔的浅海。未被淹没的陆地成为大洲一样的岛屿。

500 万年后的未来

到此时，北方大陆可能会连成一片，陆地并将经受冰期的考验。东非将开始沿着东非大裂谷从非洲分离出来。大洋洲将开始与东南亚合二为一。

大陆漂移是板块运动的外在表现形式。由于大陆处在持续运动当中，过去它们在地球表面的位置与现在并不一样，将来还会发生变化。根据地质编录，我们可以了解过去各大陆的分布情况，也可以描绘出它们的运动轨迹。然后，假定板块运动将依照规律持续下去，我们就可以推断板块的运动方向，并计算出它们在将来任意时间的位置。我们关于遥远未来的狂想就发生在这个不断漂移的舞台之上。

今天

我们早已熟知现代大洲的分布，然而，这仅是时间长河中大陆方位的一个快照而已。

现在的生物可能比过去更具多样性，因为现在有很多的大洲和岛屿，而它们又各自拥有独特的生物种群。

怎么知道的？

当可以精确测算岩石的年龄时，我们通常可以知晓其形成之初在地表的位置。岩石中的磁性矿物可以告诉我们其在当时地球磁场中的方位，然后，我们还会得到更多更明显的线索。比如，在极点附近的岩石里发现的赤道植物化石就能提示我们，大陆板块曾发生过巨大的变化。

我们今天的世界

环游世界，我们可以看到许多不同的环境。环境的差异主要缘于地表生成的不同气候。在炎热的地区，暖空气上升扩散，然后遇冷下沉。这促使大气运动，产生盛行风。盛行风如果来自海洋，会带来湿气、雨水和养分。盛行风如果来自内陆，则带来干旱。大气的运动若被山脉阻挡，会导致非常复杂多变的气候。

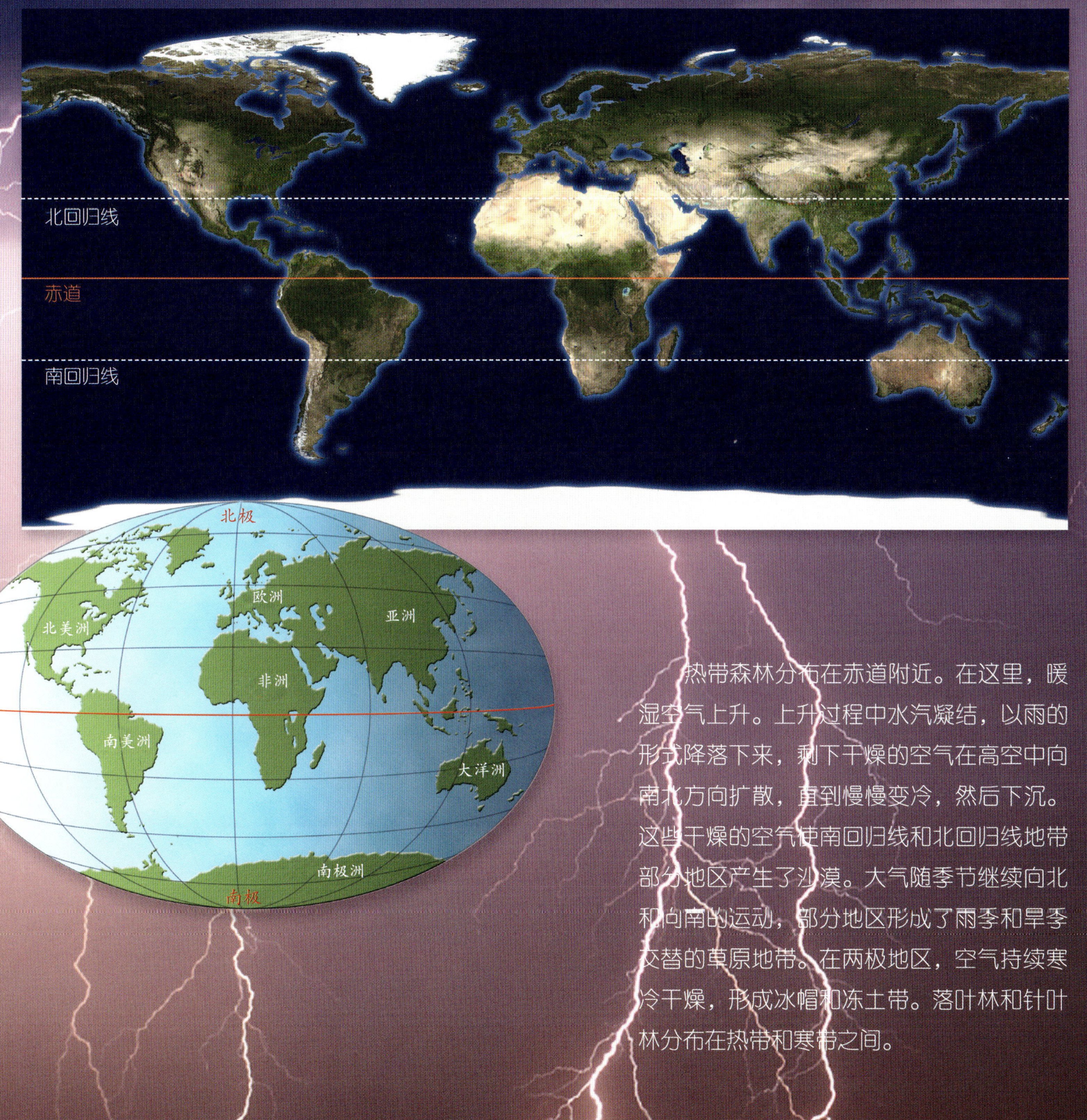

热带森林分布在赤道附近。在这里，暖湿空气上升。上升过程中水汽凝结，以雨的形式降落下来，剩下干燥的空气在高空中向南北方向扩散，直到慢慢变冷，然后下沉。这些干燥的空气使南回归线和北回归线地带部分地区产生了沙漠。大气随季节继续向北和向南的运动，部分地区形成了雨季和旱季交替的草原地带。在两极地区，空气持续寒冷干燥，形成冰帽和冻土带。落叶林和针叶林分布在热带和寒带之间。

地球上的栖息地

不同的气候条件为动植物的生存提供了不同的栖息地。持续不断的降雨孕育了庞大的水系，同时充足的雨量和温暖的气候滋养了种类繁多的植物，形成了广袤的热带森林，比如亚马孙雨林、刚果雨林和湄公河雨林。另一方面，在长期干旱的地区则会形成草原。草从地下的根茎上发芽生长，可以适应长期干旱的天气。

冻土带

寒冷干燥的气候通常会产生冻土带。冻土带上生长着苔藓植物，它们的茎和叶很短，不易被寒风和霜冻毁坏。在不是特别极端的环境下，还可以发现针叶林。针叶树的叶子是针形的，而不是叶片状的，针形叶可以减少树木水分的流失。同时，针叶树特有的针形叶和倾斜的树枝，便于抖落其上厚厚的积雪。

海洋

海洋形成了自己独有的生态系统。表层海水孕育了依赖阳光生存的海生植物。在浅滩，这些植物将根固定在海床上。动物在此处生活，以海生植物或其他动物为食。珊瑚也生活在这个区域，因为珊瑚虫依靠体内的藻类植物提供氧气，而藻类植物只能在阳光充裕的温暖水域存活。在黑暗的深海，所有的生物都离不开有机物，这些有机物生成于表层海水，而后慢慢沉入深海。

动物王国

动物的生存依赖栖息地的植物。植物制造食物——动物直接或间接以植物为食。所以我们发现，在植物生长茂盛的热带雨林，动物可能水陆两栖，它们可以在水草丰美的沼泽和河流中食用大量现成的植物。在草原，有些动物的食物结构很特殊，以不易咀嚼的硬草为食。它们的腿很长，一旦发现远处有天敌，能够迅速逃之夭夭。

生活在裸露的冻土带的动物，借助脂肪层或皮毛抵御严寒，以粗糙的贴地植物为食。任何动物的外观及生活习性都是其适应环境的结果。

是冷血动物还是恒温动物?

每种动物所需的营养各不相同。新陈代谢的不同使得动物分为两大类——冷血动物和恒温动物。前者依赖环境的温度，只在温度对于它们来说既不太热又不太冷时才会活动。恒温动物，顾名思义就是动物可以从体内自产热量，因而可以在更复杂的环境条件下保持活跃状态。它们的生理机能更全面，与冷血动物相比，恒温动物需要大约10倍的食物来维持其生活习性。

是脊椎动物还是无脊椎动物?

地球上体形较大的动物通常是脊椎动物。换言之，它们有一副基于脊椎的内骨骼。这样的结构可以支持动物长得足够大。然而，大部分动物都是无脊椎动物，没有内骨骼或脊椎。有些无脊椎动物有外骨骼，比如昆虫坚硬的体壁、蜗牛的外壳。这些外骨骼限制了无脊椎动物的生长，所以无脊椎动物的体形通常比脊椎动物小得多。

理解进化

地球持续发生变化，栖息地的环境也随之变化。所以，动物的生活必须发生改变，以适应所有的变化。进化是动物做出改变的过程。动物进行有性繁殖，会让后代继承父母双方 50% 的基因。有时，基因发生突变，造成后代的改变。如果这个改变致使后代的生存与繁殖能力低于其他动物，这种动物就会逐渐灭亡。但是，如果这种基因突变增强了后代的环境适应力，那么，这种动物就会存活下来，并把突变基因传递给它的后代。这就是进化的基本原理。

适者生存

这是一个残酷的世界。如果动物不能适应生长环境，就会死亡；只有那些具备适应环境能力的动物才能存活下来。这种现象在科学上被称为“自然选择”。通俗地讲，这就是适者生存。

体形的重要性

进化和自然选择最明显的结果之一就是体形的变化。在特定环境中，动物为了遵循某种生活习性，必须具备特定的体形。而后，这种体形在不同的动物种群中重复出现。比如鲨鱼，它属于鱼，是一种活跃的海洋捕食者，身体呈流线型，尾鳍强壮，背鳍用于稳定身体；现在再看看海豚，它属于哺乳动物，是另外一种海洋捕食者，身体也呈流线型，尾鳍有力，背鳍稳健。2 亿年前有种爬行动物叫鱼龙，也具有和它们相同的体形。这些动物的祖先各不相同，却最终为了同一种生活习性进化成同一种体形。

地球上的生命

地球上的生命存在了多久，进化的过程就持续了多久，这个时间大约长达 30 亿到 40 亿年。生命由简单的微小颗粒发展而来。最初，这些微小颗粒不过是一些复合分子，能够从周围吸收化合物，并进行自我复制；然后，这些微小颗粒进化成我们今天看到的多种多样、精彩纷呈的生物大家族。这是进化带来的结果。进化将微小的颗粒演变为多细胞动物，发展它们积极的捕食习性，促使壳体和骨骼的形成，并将生命体从远古水域吸引到陆地上来，开发它们的智能。目前还没有迹象表明这一进程会停止。只要地球存在，这种不受控制的进化状态就将持续到遥远的未来。

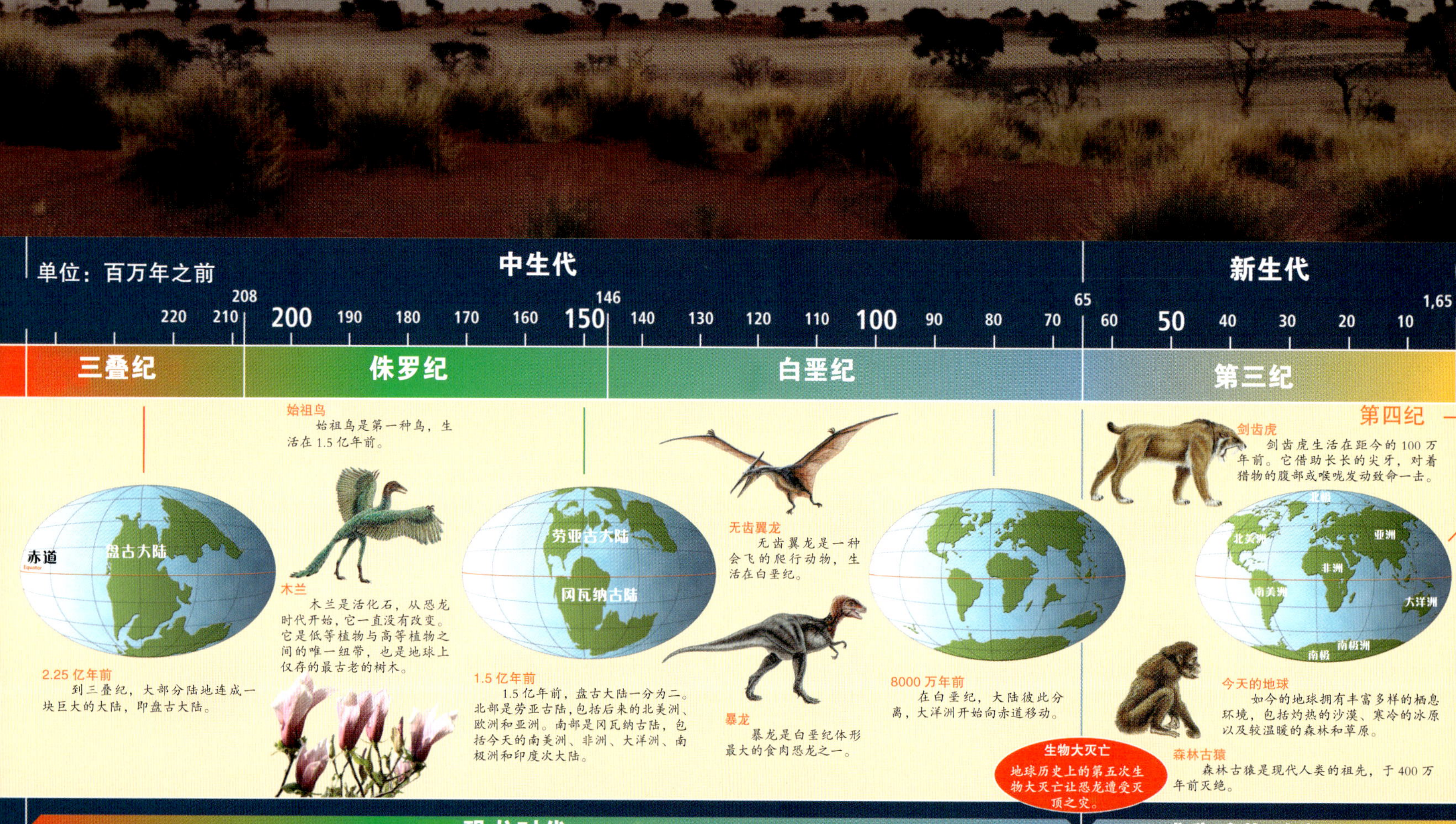

动物个体会经历由生到死的一个过程。通过进食或呼吸，它从环境中吸收化合物，构建自己的身体。动物死亡后，身体分解，化合物又回归环境之中。偶尔会有少数动物的尸体被掩埋，被固化，永存为化石。正是由于化石的发现，我们才能对地球过去的历史进行直接研究。

狂野未来

单位：百万年之后

5 10 20 30 40 50 60 70 80 90 100 110 120 130 140 150 160 170 180 190 200 210 220

未来纪

隐色蜥蜴
隐色蜥蜴的所有食物，来自其脖子上的斗篷所捕获的飞虫。

500 万年后
地球处于又一个冰期的掌控之下。海平面下降，导致地中海干涸。人类已经灭亡，但脊椎动物仍是地球的主宰。

生物大灭亡
地球历史上的第六次生物大灭亡几乎让生物销声匿迹。

1 亿年后
冰期结束，地球回暖，海平面上升。无脊椎动物（尤其是节肢动物）成为地球上的主要生物。

银蜘蛛和波格鼠
波格鼠是仅存的哺乳动物，由银蜘蛛饲养。

喷火甲虫
4 只喷火甲虫模拟树上花朵的形状，是为了让粗心冒失的喷火鸟自投罗网。

2 亿年后
所有的大陆连成一片，成为第二代盘古大陆，同时也形成了唯一的全球洋。脊椎动物已经难觅踪迹，头足类动物迁徙到了干燥的陆地上。

森林翼飞鱼
森林翼飞鱼在树枝中搭建安乐窝。和自己的近亲海洋翼飞鱼一样，它们也是从海洋鱼类进化而来。

多样性时代 | 无脊椎动物时代

500 万年后

500 万年后，地球正处于冰期的顶峰时期。早在人类时代之前，大冰期已经开始；而此时，北欧和北美都已被冰川覆盖。整个世界冰冷而干燥，能够存活下来的只有那些最强壮、适应能力最突出的物种。

冰期

500 万年过去了，地球仍处在始于人类时代的大冰期的控制之中。人类时代，全球变暖；在这之后，寒冷的冰期又回来了。酷寒的冰期与温暖的间冰期交替出现，一个轮回需要数万年的时间，而这种轮回将一直持续下去。此时，冰期的寒冷威力达到峰值——冰帽从两极向赤道延伸，高山冰川从山顶扩展至平原。地球的气候带类型虽然还没有变化，但随着两极冰川的逼近，这些气候带被挤压得离赤道越来越近。

人类时代的地球

我们已经熟知现代世界，那让我们看看它在500万年之后的样子吧：北欧的广大区域曾经是繁华的市区和肥沃的良田，而现在已经被坚冰覆盖；不断下降的海平面使地中海干涸，变成了岩滩；亚马孙流域的热带雨林被干燥的草原取代；北美洲广袤的中西部地区曾经盛产小麦，现在成了寒冷干燥的沙漠。

冰冻的星球

从地质年代来看，500万年的时间并不长，而且从人类时代开始以来，大陆并没有经历翻天覆地的变化。真正发生巨变的是气候和动植物的栖息地。

北欧冰川

由于大量的水凝固在冰帽中，海平面下降了150米，欧洲的海岸线变得面目全非。度假海滨的金色沙滩变为潮湿、荒凉的鹅卵石乱石滩，被青灰色的汹涌海水裹挟着冰晶不断冲刷着。在内陆，满眼都是贫瘠的冻土，一直延伸至遥远地平线上白色的冰帽边缘。在大海中，冰冷的灰色海面上漂浮着一座座巨大的冰山。在人类时代，除了盘旋在高空的海鸟，能在这种环境中生存的生物就是海豹和海狮了——它们是海上猎手，追捕水中的鱼类，而后在陆地上繁殖后代。现在，这些体形巨大的海洋哺乳动物早已灭绝。然而，大自然不会让生态位空缺很久。500万年后也许没有海豹和海狮，但生命还是要延续下去。当需要填补生态空位时，大自然总会选择那些经过进化，能够适应新环境的生物。

憨鲣鲸鸟

憨鲣鲸鸟体长大约3米，身体像海狮一样呈流线型。它们的长翅膀变得很小，进化成又短又粗的“桨”。有了“桨”，它们在水中的最高时速可以达到30千米。厚实严密的羽毛和油脂使它们与冰冷的海水隔绝，也使它们的身体光洁顺滑。它们在陆地上的栖息地繁殖，一只憨鲣鲸鸟一次下一个蛋，需要对蛋进行小心的呵护。

回到海洋

填补海豹和海狮生态空位的生物是盘旋在空中、高声尖叫的海鸟。在人类时代，塘鹅是捕鱼能手，两爪趾间有蹼，善游泳。由于水的密度约是空气的800倍，能同时在空中和水中自由运动并非易事。它们无法既做飞行高手又做游泳健将，所以必须有所取舍。现在，它们做出了改变，放弃了自己的飞行能力，以便更好地适应水中的生活方式。

正在进行中的演变——企鹅

企鹅在人类时代的进化与憨鲣鲸鸟相似。企鹅的祖先擅长飞行，后来却成为海岸捕食者。和憨鲣鲸鸟一样，企鹅也长着“桨”，这对“桨”来自飞行用的翅膀，而且企鹅也是靠脂肪层保暖。企鹅并不是第一种进化成这种体形的动物。当它们在南极海域捕食鱼类时，大海雀（一种鱼类捕食者，跟企鹅类似，不大会飞）在冰冷的北冰洋做着同样的事情。回到白垩纪，我们也能找到相同的例子。当时有一种游禽叫黄昏鸟，身长2米，无法飞行，在北方大陆周围的海域捕捉鱼类。

在寒冷的环境中谋生

北部冻土带平原阴冷荒凉，不适于生物生存。在冬夜，温度可以降到零下60摄氏度，寒风刺骨。夏天也好不到哪儿去。冻土的表层融化，融化的水无法通过地下的冰层排掉，于是形成沼泽和泥淖。耐寒的地衣、小草和苔藓是能够在这里生存下来的少数植物。这里的动物必须忍受极端的寒冷和极有限的食物供应。即使这样，这里仍是一些大型食草动物及其天敌的栖息地。

绵毛巨鼠

欧洲冻土荒漠的主要食草动物是绵毛巨鼠。它跟绵羊一样大，看起来像人类时代的麝牛，但它由小型啮齿动物进化而来。它体格结实，拥有苔原哺乳动物特有的皮毛外衣，使用宽大的爪形足和铁铲一样的前齿刨土、刨积雪，寻找埋在地下的植物根茎。

适应寒冷

为了适应寒冷的环境，动物必须具备一些特征。庞大的体形十分管用——体形越大，体表面积与体积的比率就越小，这意味着热量被储存在庞大身体的内部，更容易保暖。脂肪和毛发也可以抵挡寒冷，小耳朵和小尾巴减小了霜冻的危险。接着就是充分利用现有食物的能力，动物们要么能够找到并消化栖息地里生长的任何植物，要么能够在冬天迁徙到南边更温暖的地方。在早期冰期的猛犸和披毛犀以及人类时代的麝牛和驯鹿的身上，我们都发现了这些特征。

雪原秘兽

大多数动物都有天敌。对于人类时代的驯鹿来说，它的天敌是狼。绵毛巨鼠的天敌是雪原秘兽。雪原秘兽跟老虎一样大，嘴巴两边长着像军刀一样无比锋利的牙齿。它由鼬科动物（比如貂熊）进化而来，成为这个地区的头号猎手。它的繁殖期特意安排在初夏，因为在初夏生产最容易找到食物。另外，每一窝幼崽都是多头不同的雄兽参与繁殖的结果，这样做可以在小的种群中最大限度地提高基因的多样性。

地中海盆地

由于水凝固成冰形成新的冰帽，导致全球海平面下降，许多浅海干涸了。地中海的出海口现在成了旱地，出海口以东的低洼地带得不到大西洋海水的补给，而剩余的海水在不断被蒸发。这片曾经的蓝色水域分布着座座岛屿，在阳光的照耀下波光粼粼；如今它成了一望无垠的低地，看到的是风蚀的岩石和荒凉的岩滩。干旱过去就发生过，但是现在，干旱仍在延续，并且不知道要持续多久。

隐色蜥蜴

尽管环境严酷，干旱的岩滩中还是能找到生命的存在。喜好化合物的细菌在这里大量繁殖，构成食物链的起点。食物链的下一节点是成群的黑蝇，而它们是行动敏捷的隐色蜥蜴的美餐。一眼看去，隐色蜥蜴有点像人类时代的澳洲伞蜥。不同之处是，隐色蜥蜴的斗篷是一面张开的大网，网上覆盖着黏液。当它冲向一群黑蝇时，许多黑蝇就会被斗篷粘住，隐色蜥蜴边跑边用长舌头把黑蝇扫进自己的嘴巴里。

隐色蜥蜴属于飞蜥科——在人类时代，飞蜥科蜥蜴是蜥蜴家族的主要成员。面对不同的环境，许多蜥蜴进行了卓有成效的改变。为了伪装，一些蜥蜴的皮肤长出了尖刺或角质鳞，粗糙的外表便于它们融入地面环境。最常见的飞蜥科蜥蜴莫过于澳洲伞蜥。当遇到危险时，澳洲伞蜥会竖起颈部颜色鲜艳的斗篷。隐色蜥蜴使用同样的办法，却是为了达到截然不同的目的。

变色

隐色蜥蜴通常是白色的，与岩滩完全融为一体。然而有时候，尤其是当它想求偶时，它会进入彩色模式，张开颈部的斗篷亮出鲜艳的色彩，雌性隐色蜥蜴从远处一眼就能认出它来。

喀斯特地貌

地中海盆地地面既不是盐田，也没有干涸的水坑。它由裸露的石灰岩构成，近千年来，暴露的石灰岩受到空气中二氧化碳和风雨的侵蚀，形成了一种被称作“喀斯特”的地貌。喀斯特地貌由纵横交错的沟渠构成，这些沟渠被称作“岩沟”——岩石薄弱的地方被严重侵蚀，变成岩沟；而不被侵蚀的地方保留下来，变成直立的“石芽”，将那些岩沟一道道隔开。喀斯特地貌中唯一适宜居住的地方在岩沟的底部，那儿积累了一层薄薄的土。

葛莱肯貂

和所有其他动物一样，史烤法猪也会被天敌盯上。它的天敌就是葛莱肯貂——一种像猫鼬的鼬科动物，身体长而柔软，所以可以神不知鬼不觉地穿过岩沟之间狭窄的通道。它时不时从深沟里探出头来，瞧一瞧一小群正在觅食的史烤法猪。葛莱肯貂的头带有灰白相间的图案，便于伪装，不易被发现。一旦时机成熟，它就果断出击，从深沟里一跃而起，在史烤法猪察觉之前拽住一只幼崽，将其拖至狭窄的暗处。

史烤法猪

地中海喀斯特地貌中体积最大的动物就是史烤法猪，它是一种兼具野生山羊本领的野猪，可以从一处石芽跳到另一处石芽上，轻巧地跨过岩沟中的大裂口。它用灵活的鼻子在暗沟中寻找长在土里的植物，同时也会食用昆虫、隐色蜥蜴下的蛋和腐烂的肉。

正在进行中的演变

史烤法猪的祖先是人类时代的野猪。它们为将来动物的进化提供了方向——因为它们强悍的适应能力。猪几乎可以食用所有的东西，可以生活在任何地方。所以，当环境发生变化，比如冰期开始时，它们可以适应可能出现的任何一种环境，而那些生活习性特别挑剔或只能在特定栖息地生活的动物，适应起来就会特别艰难。

亚马孙大草原

热带雨林这个词总是让人想到肥沃的土地、繁盛的生命——乔木、灌木丛、矮树丛从上到下各自占据有利的位置，充分利用了温暖湿润的气候创造出来的生长条件。在人类时代，赤道附近雨水丰沛，大河奔流，广袤且神秘的热带雨林遍布于此。现在，它们消失得无影无踪。越来越干冷的气候影响着诸如亚马孙流域这样的区域，大河变成了涓涓细流，森林退化成零星的树丛。在原来的地方出现了一种截然不同的栖息地——辽阔无垠的大草原。

秃鹳

像猎猴鸟一样，人类时代的秃鹳在平原上大量繁殖。它是杂食动物，不挑食，可食用草原所能提供的一切食物。同样，秃鹳也会利用频繁的草原大火捕捉从火中逃生的动物。

热带雨林

只有在持续温暖和多雨的环境下，热带雨林中的植物才能长得既密集又茂盛。在热带雨林中，枝叶像华盖一样向上延展，挡住了太阳的光线。地面上的植物极少，因为光线几乎全被树冠遮住。只有当大树渐渐失去生命力时，沿地面生长的植物才能繁茂生长。

猎猴鸟

个高、腿长的动物在草原中享有优势。它们可以从很远的地方察觉危险或天敌；长腿可以增加速度，在进攻和防守时都能发挥作用。在亚马孙大草原，主要的猎手是猎猴鸟——这种鸟身长2米，但已无法飞行。它的翅膀已经萎缩，在追逐猎物时只能被用来平衡身体。它巨大的鸟喙可以像斧子一样粉碎骨头，头上像旗帜一样的羽毛被用作交流沟通的工具。它的祖先是人类时代的卡拉卡拉鹰——南美大陆的一种猎鹰。它的食物多种多样，所以能轻而易举地从空中猎手进化为陆地猎手。

狒秃猴

猴子本来是栖息在树上的动物。然而，当环境需要时，它们可以进化为居住在地面的生物。在人类时代之前的非洲，当森林开始消失、草原开始扩张时，这种事情就发生过。从栖息在树上的祖先开始，狒狒进化成能够很好地适应地面生活的种群。在刚刚出现的亚马孙大草原上，这种事情又发生了。作为秃猴（一种生活在树上、多才多艺且食物多样的猴子）的后代，狒秃猴已经适应了地面的环境。

做一个渔网

狒秃猴的狩猎智慧在动物世界中数一数二。它们可以用柔韧的草制作简易的篮子，或者用灵活的手指将草茎编成另一种形状。它们把篮子放在小溪中，让鱼儿钻进去。接着，它们会返回来撤走这些“渔网”。鱼为狒秃猴的饮食添加了重要的蛋白质。

草原鳞鼠

体形较小的草原动物当中，草原鳞鼠是其中的佼佼者。它由南美大陆的一种体形较大的啮齿动物进化而来，其背部和头部长有鳞甲。这些鳞甲由结实的毛发构成，看起来就像人类时代穿山甲的盔甲。草原鳞鼠通过饮食将从地面获得的矿物质转化为鳞甲的一部分，让自己具备防火的能力。因此，它的鳞甲不仅能抵挡猎猴鸟鸟喙的袭击，也能承受灼热的草原大火。草原鳞鼠通常以地下的草根和块茎为食，火灾之后，它也可以食用受害者烧焦的尸体。

北美沙漠

人类时代结束500万年之后，北美洲大部分地区都覆盖着冰。冰线大致位于美国与加拿大的边界线上。冰线以南的中部地区寒冷干燥，大气温度很低，所以无法保留大量的湿气。在东部冰川封冻的阿巴拉契亚山脉和西部落基山脉之间，是一望无际的沙漠和碎石。北美沙漠跟过去中亚的戈壁一样异常寒冷。北美洲中西部曾经是物产富饶的农业宝地，现在却是一块辽阔荒凉的尘暴区。

沙漠鳞鼠

在严寒的沙漠中，有一种啮齿动物过得自得其乐，它就是沙漠鳞鼠。它的体形比南美洲的草原鳞鼠稍大一些——寒冷的环境偏爱体形更大的动物，这样更容易保存热量。它的鳞片更小，其防火能力也转化为对抗严寒的保暖能力。所有的鳞鼠都可以产生一种来自鳞片的咔嗒声响，用于交流信息。沙漠鳞鼠仅食用地下块茎，当地下块茎供应充足时，它就会毫无节制地大吃特吃，这样便可以将营养储存起来，到闹饥荒的时候再用。

死神蝙蝠

在寒冷的沙漠上空，诡异的黑色幽灵在空中盘旋。它不是秃鹰，而是死神蝙蝠。这是一种体形巨大的蝙蝠，已经具备鸟类的眼力，嗅觉极其灵敏。它可以从高空侦察到地面的状况，以便追踪地面上的猎手，伺机盗取它们的猎物。

史宾雉

这种会挖洞的奇怪的鸟叫史宾雉，是人类时代鹌鹑的远亲。史宾雉的翅膀已经进化为强壮的前肢，用来挖掘通到沙漠深处的洞穴。

正在进行中的演变

死神蝙蝠与人类时代的吸血蝙蝠有诸多相似之处。它们都是食肉动物，都可以吸食血液。它们可以将多余的血液储存在喉袋里，回到自己的洞穴之后，它们就可以跟同伴分享美食了。

冰期结束

经过 700 万年后，始于人类时代之前的大冰期终于结束了。尽管这不是地球经历的最大冰期，但它对地球的动植物产生了深远的影响。冰雪消退的速度很快，在大约 2000 年的时间之内就完成了。以地质年代来看，2000 年只是一眨眼的工夫。冰帽不断缩小，直至极地或高山上仅留一小部分的永久冰。离地球遭受下一个同样规模的冰期，时间还非常遥远。冰期结束的原因之一，是那时日益频发的火山活动

新的起点

生态系统的巨大变化通常是进化发生的诱因。这种变化带来了动植物的大量灭亡，全新的环境虚席以待，等着那些才能全面的生物进化，来填补生态位的空白。冰帽一旦消融，海平面紧接着发生变化，地球的气候会经历一段相当长的稳定期，形成全新的栖息地。冰期适应力最强的动物将生存下来，并繁衍生息，一个全新的狂野世界即将到来。

火山活动

日益频繁的火山活动释放了大量的二氧化碳。根据人类时代的共识，增加的二氧化碳会引起温室效应，提升地球表面的温度。冰帽开始融化，于是，裸露的深色土壤和岩石吸收更多的太阳辐射，渐渐地，温度开始上升。

冰期结束

冰期顶峰时期的环境很严酷，这个时代的佼佼者们都做了特殊的改变来适应极端恶劣的生存条件。现在冰期结束，曾经的环境条件不复存在，这些特殊的改变就成了劣势，反而让它们遭受灭顶之灾。带皮毛的大型食草动物和捕食者纷纷死去，最不堪一击的是那些生活在寒冷荒漠地带的动物。然而，不管生物大灭亡的来势多么凶猛，总会有生物存活下来——通常是那些体形最小、适应能力最强的动物。这些动物将成为未来世界的繁殖种群。

1亿年后

自上一次冰期后，地球持续了一段相当长的沉寂期；现在，生命开始复苏。冰帽消融，海平面上升，世界变得温暖湿润。地球成了充满生机的大温室。

温室地球

地球继续发生变化。大冰期早已成为过去，气候开始变得温暖。宣告冰期终结的火山运动增加了大气中二氧化碳的含量，使全球温度持续上升。融化的冰帽释放了大量的水，水注入到海洋里，所以现在的海平面比人类时代要高出 100 米。海拔较低的大陆边界现在被洪水淹没，只有地势较高的地方才能保持干燥。另一方面，在过去的 1 亿年里，大陆的位置发生了巨大变化。所以跟人类时代相比，现在的世界已经面目全非。

孟加拉沼泽

炎热湿润的气候和低洼的地势是产生热带湿地的绝佳条件。现在，在地球的温室里，大陆边沿上分布着大片大片的热带湿地，其中一个位于曾经的东南亚大陆上。它绵延数千米，全年平均温度达到 40 摄氏度，湿度为 99%。这是植物生长繁殖的天堂。

变化着的地球

现在的地球已发生天翻地覆的变化。近1亿年来，地壳的构造板块运动从海洋的中心生发，推动着各大陆板块愈来愈远，亦或是愈来愈近。北美洲和南美洲已经融为一体，将加勒比海和墨西哥湾夹在中间。北美洲和亚洲北部也已连在一起，在过去它们也曾有过多次的融合趋势。大洋洲向北部漂移，与东南亚形成碰撞。南极洲逐渐离开了极点位置，并正在向赤道方向移动。然而，这些很明显的变化，都隐藏在覆盖住了大陆板块低洼地区的浅海之下。

浅海

大陆的边沿处处是浅海。浅海自大西洋向东西方向延伸，从北极向南延伸，现在，原属俄罗斯的大片地区处于浅海之下。海上点缀着基岩岛——这些岛其实是山顶，因为海拔太高，水无法淹没。在大多数地区，因为水位不高，太阳光可以直接照射到海底。这些浅海水域，阳光充裕且养分充足，为礁石的形成提供了理想的条件。礁石是固着生物的聚集地，这些生物可以从流动的海水中过滤食物，其身体可以垒成礁石。

海蛞蝓

海蛞蝓有个别称叫海兔，因为它头上的触角突出如兔。它们和蜗牛一样属于腹足动物，总是住在礁石内。在人类时代，它们很小，颜色鲜艳——用来警告天敌，它们的肉有毒。现在它们已经成了新环境中的捕猎者。

礁石蛞蝓

在红藻摇曳的叶片中可以发现礁石蛞蝓——这是一种跟海豹大小相当的海蛞蝓。礁石蛞蝓幼体是食草动物，以海藻为食；礁石蛞蝓成体成了肉食动物，捕鱼为食。

造礁生物

在人类时代，造礁生物是珊瑚。在地球历史的其他时期，造礁生物是海绵动物或双壳贝类。现在，在温室地球的浅海中，造礁生物是红藻。

幽灵水母是浅海中最大也是最慵懒的猎手。想象一下：一个闪亮的“帆船”有鲸鱼那么大，在水面懒洋洋地漂浮着，被风一会儿吹到这儿，一会儿又吹到那儿。这就是幽灵水母。事实上，这是一个“水母国”，由许多不同的幽灵水母个体组成。我们在水面看到的是一层球状水母群，它们维持着“水母国”的漂浮状态。在水面上，一些幽灵水母个体垂直生长，依靠体内的气囊保持硬邦邦的状态。它们充当“水母国”的“帆”，鼓满风驱动整个“水母国”前行。“水母国”的进食和繁殖行为都在水面下进行。当“水母国”漂移时，水下长长的触手和吊着的覆碗状小型水母就会伸展开来，收集食物和营养。

漂浮的群落

幽灵水母同样也是很多其他生物的家。它裸露在水面上的部分成了海藻和其他简单植物的扎根之所，这些植物全年为幽灵水母提供食物。幽灵水母水下的触手互相交织，成了海蜘蛛的住所。海蜘蛛是海洋的旅行者，作为在这里借宿的回报，它将帮助幽灵水母牵制敌人。

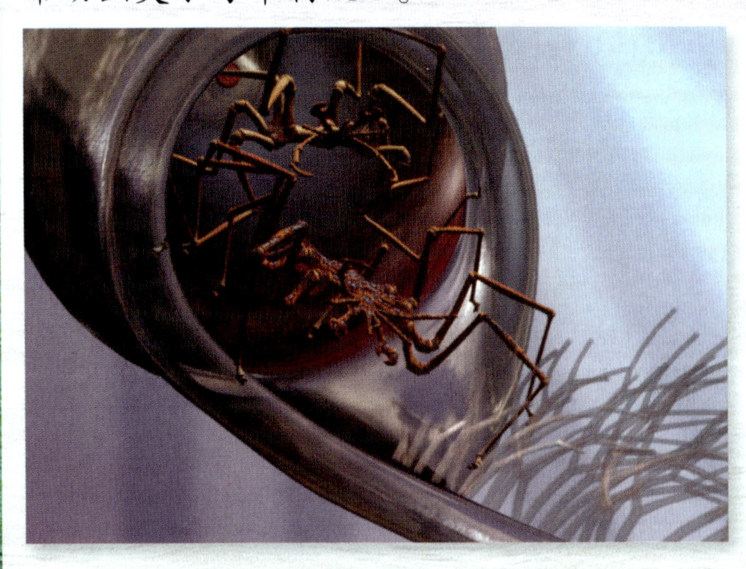

四处漂泊

矗立在水上的“帆”，使幽灵水母看起来像人类时代威武的帆船。就好像在技术娴熟的船员的引领下，幽灵水母的航行非常机动灵活。它凭借“帆”上的风力来抵消水下部分遇到的阻力，甚至可以逆风而行。为了实现更多的定向运动，漂浮在水面上的球状水母释放体内的水分并放空气囊，迅速将水排干，通过喷射助推的方式驱动幽灵水母这艘帆船驶向特定的地方。在人类时代，最接近幽灵水母的生物就是僧帽水母。跟幽灵水母一样，僧帽水母也是群居动物，由负责捕食和繁殖的不同个体组成，它们连接在一起就像一个袋状的浮舟。

进攻和防御

幽灵水母既是捕食者，又是许多动物的追捕对象和美食。所以，它必须保护自己免受侵害。它那像果冻一样的气囊和水袋本身并没有养分，但其中包含对所有肉食动物的饮食至关重要的动物蛋白。幽灵水母所需的大部分食物来自其上表面的藻类，这也是其他海洋猎手钟爱的食物。海藻中产生的碳水化合物被输送到整个“水母国”，滋养了每一个幽灵水母个体。因此，海澡在幽灵水母上处处可见。

捕食幽灵水母的动物主要是跟海豹大小相当的礁石蛞蝓。礁石蛞蝓在幽灵水母密密麻麻的触手之间游来游去，这里咬一块，那里吃一段。当遭到一大群礁石蛞蝓袭击时，幽灵水母的身体会被咬掉几大块，造成多处损伤。顺带说一下，这些损伤不会是永久性的。由于它由许多幽灵水母个体组成，如果被破坏，它可以从局部进行再生修复。

僧帽水母

和人类时代的僧帽水母一样，幽灵水母的自卫方式是强有力的刺蜇。这些刺蜇足以吓退小的敌手，但对于礁石蛞蝓的集体进攻，它得用更复杂的防卫方式。水下的一些覆碗状小型水母不再去捕食，经过改造变成了细腿海蛛的家。细腿海蛛是一种海蜘蛛，武装着锋利的尖牙和强壮的下颚，可以击退最大的礁石蛞蝓。

细腿海蛛

和其他的海蜘蛛一样，细腿海蛛看起来很像蜘蛛。它的身体很小，腿却特别长。长期以来，它与幽灵水母建立了共生关系。它的祖先住在藻礁上，偶尔会突袭海蛞蝓的吸入式喇叭口，在那里觅食。最终，它在喇叭口里住了下来，改变了体形，让身体可以折叠在里面。幽灵水母的一些覆碗状小型水母失去了取食的功能，成为了细腿海蛛的专属栖身之所。对幽灵水母而言，“房客”提供的保护显然比丧失部分取食的功能要重要得多。

孟加拉沼泽

过去亚洲和大洋洲的浅内陆海旁，即赤道附近人类时代孟加拉湾区域，现在已经成为了湿热的孟加拉沼泽。这是一片广阔的沼泽地，生长着茂密的热带植物。由于接近海平面，这里的水很苦涩。持续的降雨侵蚀着南部的高山，将碎石冲入浅海，形成新的三角洲，不断扩大沼泽的面积。温室地球创造了潮湿和炎热的环境，植被生长茂盛，溪流和湖泊被繁盛的植物阻塞。

温室地球

40摄氏度的高温和99%的湿度，为植物创造了理想的生长环境。大气中高浓度的二氧化碳也有利于植物的生长。在人类时代，这样的环境条件从未出现过。

沼泽和藻类

沼泽地由溪流网络构成，溪流不断变化，或分流或合流或形成池塘。植物延伸至河对岸，阻断了水道，其连环的根系将沙洲暂时固定住。藻类浮在水面，在树干上堆了一层又一层。整个孟加拉沼泽类似于石炭纪的煤森林。

放电鱼

哪里有植物，哪里就有以植物为食的动物，哪里就有以食草动物为食的食肉动物。植被生长茂盛的地方，必然会滋养起一个由不同种类的动物组成的动物群。这些动物经过进化之后，都适应了这种特定的环境，并将这些植物当作最基本的食物来源。在食物链顶端总会有一个头号猎手，这是一种以所有其他动物为捕食对象的动物。这种动物体形庞大，力量强劲，其他动物都无法与它对抗。在孟加拉沼泽，这种动物就是放电鱼。

跟小型客车大小相当的放电鱼藏在昏暗的回水处以及河口，置身于密不透气、盘根错节的植物之下。它是一个伏击型猎手，像烂树干一样一动不动，静待可以让自己饱餐一顿的猎物。它的鱼须可以感知其他大鱼甚至陆生动物过来喝水的活动。借助尾部附近集中的鱼鳍以及与之相连的结实肌肉的力量，放电鱼像尖刀一样插入浑水中，猛地咬住猎物不松口。如果猎物很大，放电鱼就会通过鱼须释放电流，使猎物麻痹瘫痪。在饱餐一顿之后，心满意足的放电鱼会退回到河床上。放电鱼的新陈代谢十分缓慢，看来接下来的数周时间内，它都不需要吃东西了。

适应陆地的生活

生命起源于海洋。只有当空气能够呼吸时，生物才会离开水，来到陆地上生活。这样的改变主要发生在志留纪和泥盆纪，即在人类时代之前的4.4亿年到3.5亿年之间。在人类时代，一些动物则可以在两种环境中生存。弹涂鱼可以借助鱼鳃在水中呼吸，也可以使用储存在体内的空气到陆地上生活。促使水生生物向陆地生物进化的原因，除了水质污浊、含氧量少之外，还有来自水生捕食者的威胁，或陆地上能得到更多的食物。我们在孟加拉沼泽就可以找到这一条线索，比如沼泽章鱼这样的生物，它就发现物产丰富的陆地比浑浊的危险水域更具吸引力。

陆地的生活

潮湿的孟加拉沼泽代表着一种水陆过渡的环境条件。许多水生动物可以到陆地上生存，尽管时间并不长。沼泽章鱼是一种章鱼，既喜欢浮出水面也喜欢潜入水里。大气潮湿意味着动物体内水分蒸发缓慢，动物既不会脱水，也不需要专门的防水表皮。虽然没有肺帮助呼吸空气，沼泽章鱼却能在血液里贮存大量氧气，这些氧气可以长时间维持它缓慢的新陈代谢。

沼泽章鱼

沼泽章鱼保留了祖先的8条腕，其中4条进化为足，就和蜗牛的足一样。足上长着发达的肌肉，支撑着沼泽章鱼的躯体；在沼泽章鱼往前爬时，从吸盘进化而来的角质垫片牢牢地吸附在地上，将自己往前拉。其他4条腕则仍和祖先的一样，可以自如抓握东西。

百合科植物

沼泽章鱼和一种在地上生长的百合科植物保持共生关系。这种植物会长出一大丛叶子，围起来就像水瓶一样，可以容纳一大池雨水。通过分泌体液，沼泽章鱼可以将这池子里的水质转化为周围沼泽的水质。它在池子里产卵，以躲避来自沼泽水生动物的威胁。同时植物也可以从池子里得到营养，章鱼妈妈在保护幼崽时也保护了植物。章鱼妈妈必须经常回到水里，往血液中补充氧气。沼泽章鱼是聚居繁殖的动物，当章鱼妈妈离开时，聚居地的其他章鱼会担负防卫的任务。

沼泽章鱼的保护色

沼泽章鱼可以根据特定的需求改变身体的颜色。其表皮的色素细胞可以打开和闭合，因此可以显示和隐藏特定颜色。在陆地上，它的行动很迟缓，必须尽可能神不知鬼不觉，所以，它会采用绿色和棕色作为保护色，将自己隐藏在植物之中。当保护幼崽时，它会采用鲜艳的火焰色，来警告潜在的敌人：为了保护自己的孩子，它会战斗到底。

迄今为止陆地上最大的动物就出现在孟加拉沼泽的边缘地带。它就是巨龟，是一种陆龟，但长得巨大无比，体形跟远古时代的食草动物——蜥脚类恐龙一样。造成它的体形如此庞大的原因，是充裕的植物供给。跟大多数爬行动物一样，它是冷血动物，新陈代谢缓慢，但即便如此，它仍需要为身体的正常运行提供巨量的食物。它几乎把所有的时间都花在吃东西上——用剪刀一样坚硬的嘴巴剪掉细枝和树叶。它不会咀嚼，但它的消化系统十分厉害，可以分解任何植物——不管是大木块还是柔软的花瓣。巨龟喜好群居，把蛋生在聚居地。这些巨型蛋有十分坚硬的壳，小巨龟们没法破壳而出。成年巨龟必须用嘴巴猛戳蛋壳，才能将小巨龟释放出来。刚孵出的小巨龟会得到龟群的照顾，这种照顾会持续 5 年的时间，5 年后小巨龟就会长得跟小象一样大啦。

正在进行中的演变

巨型陆龟在进化史上可不是新鲜事儿。在人类时代，许多岛屿都有自己特有的陆龟。陆龟进化为巨龟之后，体形并没有太大的变化，最主要的变化体现在站姿上。大多数陆龟的站姿是爬行动物特有的，脚在身体两侧呈八字形。但要以这样的姿态支撑巨龟这样庞大的动物，简直是不可想象的。所以现在巨龟的脚在身体底下呈直立状，就像大象以及远古时代的蜥脚类恐龙的脚一样。

巨大的野兽

巨龟巨大无比。成年巨龟站立时，肩高大约可以达到7米，体重超过130吨，大概是人类时代最大的陆地动物——大象重量的24倍。每只巨龟可以存活120年。它每天吃掉的植物超过600千克。

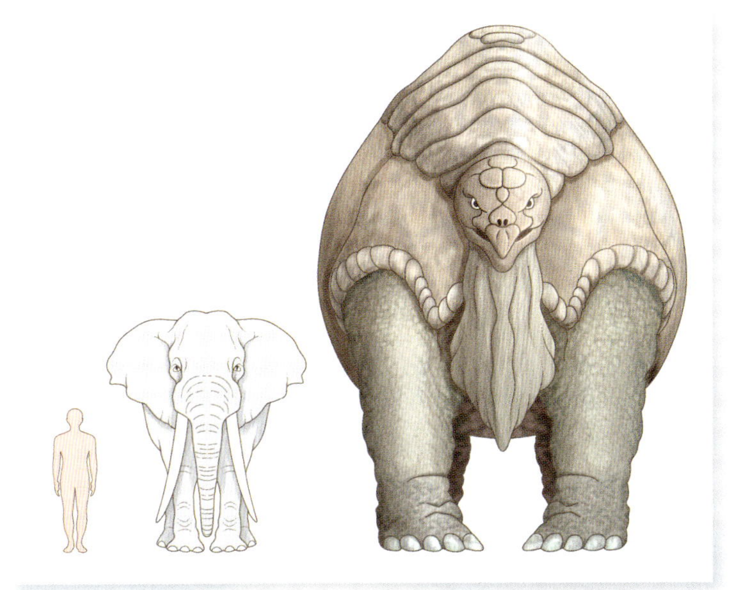

巨龟

巨龟保持了陆龟原来的形状，两者最大的区别在于陆龟的龟壳变得很小。巨龟体形庞大，没有天敌，所以就没有保留甲壳的必要。然而，保留下来的甲壳对于固定肌肉十分重要，因为仅靠脊骨和肋骨无法支撑其庞大的体重。

南极森林

我们通常不会把南极洲与热带森林联系在一起，但是有化石证明，这片大陆曾经多次出现过茂密的植被。现在，南极大陆已经漂移到地球的热带区域。在过去的1亿年中，这块大陆从南极漂移到了跟人类时代新几内亚相当的纬度上。当南极大陆漂移出南极区域时，冰帽消融了。在过去的1亿年中，由于纬度的变化和全球气温的普遍升高，南极大陆的气候变得越来越炎热潮湿。现在，其北部的低洼地带被茂密的热带森林覆盖。

南极洲的鸟类

和人类时代的情况一样，森林里处处都是鸟儿的鸣叫声。鸟类往往是新生的岛屿栖息地最早的移民，主要因为它们具有强大的飞行能力，可以穿越横亘其中的海洋。然而，南极洲的大多数鸟类由海鸟进化而来，而这些鸟儿在人类时代冰冷的南极洲海岸就已经存在了。

化学防御

对于生物来说，化学防御并非一种新战略，在人类时代就有很多范例。最著名的当属放屁甲虫。它在体内的各个腔室里存储了多种不同的化学物质。当遭到攻击时，它就会将这些化学物质混合在一起，让它们发生反应，达到沸点。然后，产生的气体会将毒液挤压出来，喷射到敌人的脸上。

喷火鸟

喷火鸟是南极森林里众多鸟类中的一种，由过去的海燕进化而来。它跟画眉鸟一般大小，以森林中的昆虫为食。森林里危机四伏，到处都有猛禽的身影，所以，喷火鸟必须处处提防。因为食用了某些花朵，其体内积聚了大量的毒液，通过管状的鼻孔，它可以将毒液喷向仇敌。

鸟类和其他脊椎动物的数量远远超过森林中昆虫的数量，情况历来如此。但是，温室地球的昆虫与人类时代的昆虫大不相同。人类时代的昆虫很小，通常很不起眼；由于身体构造的限制，其尺寸从不会比人手大很多。然而现在，由于大气的不同构成成分，昆虫的体形比自石炭纪以来任何时期的昆虫体形都要庞大。氧气浓度的增加意味着，在没有使用呼吸器官的情况下，氧气可以直接渗透到昆虫的体内。而在过去，呼吸器官一直制约着昆虫的大小。

捕虫鸟

森林里最凶狠可怕的食肉鸟之一就是捕虫鸟。它的眼睛长得像变色龙，能上下左右自如地转动。它可以一直盯着猎物，然后突然发动袭击。它主要以昆虫为食，但在南极洲森林中，它也可能成为一些昆虫的美食。

喷火甲虫

喷火甲虫是一种昆虫，已经具备一套复杂的捕猎伪装系统。它们成群结队地聚集在树干上，组成花朵的形状，色彩鲜艳的翅尖像花瓣一样向外展开。它们的主要猎物是喷火鸟。喷火鸟的防卫机制是喷射毒液。当喷火鸟像蜂鸟一样飞来飞去，忙着从树上的花朵中采集化学物质、提取汁液时，喷火甲虫则借助像蚱蜢一样有力的后腿，忽然一跃而起，用爪子钩住猎物，将喷火鸟猛甩到下面的灌木中。在灌木中，喷火鸟被喷火甲虫群吞食。

隼蝇

现在，昆虫扮演了原本属于鸟类等脊椎动物的角色。许多昆虫体形庞大，力量强劲，成为很多地区的头号捕食者，主要捕食鸟类。这其中就包括隼蝇，它由黄蜂进化而来，长着长长的翅膀和有力的爪子。抓捕猎物时，隼蝇像老鹰一样猛冲过去，突然拽住空中的飞鸟，又猛冲回来。

拟态伪装

过去，昆虫往往采用拟态伪装来躲避天敌。现在，由于天敌不多，它们可以用拟态伪装来伏击猎物。回到人类时代，那时的昆虫猎手，比如螳螂，身体的形状和颜色可以伪装成普通的叶片或花朵，这样一来，潜在的猎物就会放松警惕。现在，有些昆虫把这一本领发挥到了极致。

大高原

温室地球上并非处处是热带森林，山区的环境有所不同。到底是怎样的山区呢？在人类时代，大洋洲大陆向北漂移，离热带地区越来越近。现在，大洋洲大陆已经与亚洲大陆碰撞到了一起，大陆之间的陆地受到挤压，随后隆起，形成巨大的褶皱山脉。它跟人类时代的山脉全然不同，高度已经超过了1万米。对于任何生物来说，这种环境都是十分严酷的。

长4个翅膀的鸟

蓝色追风鸟有4个翅膀。又长又窄的翅膀特别适合高空翱翔和远距离飞行，但抓捕猎物时需要低速灵活的飞行，这样的翅膀就派不上用场了。因此它的腿上长出的短小宽大的翅膀，弥补了这一缺陷。飞行生物长出4个翅膀也不是什么稀罕事儿。白垩纪的小盗龙（一种小型恐龙）就利用4个翅膀，从一棵树滑翔到另一棵树上。据推测，甚至是始祖鸟——世界上最早出现的鸟，腿上也长有飞羽，使它在抓捕猎物时可以更加灵活。

蓝色追风鸟

在海拔超高的大高原上，最大的威胁来自猛烈的太阳光。长着4个翅膀的蓝色追风鸟翱翔于山顶之间，寻觅着任何可以找到的食物。它已经掌握了防晒的本领。它的羽毛是金属般的蓝色，可以反射阳光中有害的紫外线。和所有鸟类一样，蓝色追风鸟长有额外的眼睑，在强烈的阳光下，这对眼睑有偏光的功能，可以保护它的眼睛。蓝色追风鸟进化出了自己的“太阳眼镜”。另外，偏光功能可以让蓝色追风鸟识别同伴羽毛颜色的变化——这是交配的信号哦！

喜马拉雅山脉

大高原与人类时代最相似的地貌就是喜马拉雅山脉。喜马拉雅山脉是向北移动的印度次大陆和亚洲大陆碰撞的结果，与大高原的形成原因类似。但在形成大高原的过程中，与亚洲大陆相撞的是面积大得多的大洋洲大陆。

寻找食物

大高原的峡谷中充斥着蜘蛛网，这些蜘蛛网都是群居的银蜘蛛的杰作。其用途不是捕获昆虫或其他猎物，而是收集吹散在峡谷气流中的草籽。草籽收集好之后，会被它贮藏在地道里，用来喂养被关在那里的波格鼠。波格鼠是银蜘蛛的主要食物来源。跟人类时代的蜘蛛不同的是，银蜘蛛是群居生物，它们喜好群居生活。每个银蜘蛛群落都有一个蛛后，蛛后坐着一动不动，也不会自己找吃的，但它承担了繁殖整个银蜘蛛群后代的任务。大多数波格鼠的最终命运是被送到银蜘蛛的巢穴里，成为蛛后的美食。

银蜘蛛

在大高原的峡谷中，在山洪冲刷出来的峭壁之间，我们可以找到银蜘蛛的王国。从低洼地带升起的湿润空气穿过峡谷，带来了水分，有利于岩石间小草的生长。这些小草是食物链的起点，给许多不同种类的动物提供了食物。食草动物以草籽为食，食肉动物以食草动物为食，在食物链的终点，最终的捕食者是蓝色追风鸟。这条食物链的细节内容确实耐人寻味。

伪装

和昆虫一样，在新环境的大气中，蛛形纲动物可以长得很大。它们体表的金属色可以帮助其反射有害的紫外线，但也容易让蓝色追风鸟发现它们的行踪。因为腹部带有条纹，让它们看起来很像它们收集的草籽，这样一来就可以迷惑敌人了。

波格鼠

温室地球时期，哺乳动物濒临灭绝。尽管曾经是地球上最卓越的生物，现在却消失殆尽。屈指可数的幸存者是一些生活习性怪异的特殊生物，波格鼠就是其中的代表。这种动物以草籽为食，却不需要自己觅食。它依赖现成的食物供应——银蜘蛛将草籽收集起来，然后贮藏在地道里。银蜘蛛自己不能食用这些草籽，它将草籽喂给波格鼠。当波格鼠长得又肥又胖时，就成了银蜘蛛的美食。波格鼠只是蜘蛛饲养的家畜而已。

2 亿年后

地球发生了翻天覆地的变化：陆地连成一体，变为一块巨大的超级大陆，而海洋也连成了一片，变为辽阔温暖的全球洋。此时，距离摧毁地球 95% 物种的生命大灭亡，已经过了 1 亿年的时间。然而，生物大灭亡之后或许是生物进化最有创意的阶段。

新盘古大陆

地球继续演变。温室地球之后的1亿年，即冰期之后的1.95亿年，人类时代之后的2亿年，地球看起来跟以往任何时期都不一样。地壳板块持续运动，驱动大陆板块漂移，结果导致大陆在全球范围内移动。移动过程中，这些板块必然会互相碰撞，合成超级大陆。这就是现在发生的情况：所有单独的大陆连成一片完整的陆地。上次出现类似的情形还要追溯到三叠纪，也就是人类时代的2亿年前。那时的超级大陆被称作盘古大陆，现在这个超级大陆将被命名为“第二代盘古大陆”。

全球洋

如果所有的大陆连成一片，形成唯一的一块超级大陆，那就意味着地球只有一个超级海洋。于是，就出现了这样的情况：世界上所有的海域连成一片，形成一个全球洋。通常，海洋会对全球气候起到调节的作用。然而，第二代盘古大陆面积十分庞大，大部分地区远离海洋，大陆内部受极端气候支配。来自海洋的另一种影响是潮汐力，它形成摩擦力，拖慢地球的自转速度。结果，现在一天长达25个小时，和人类时代的24小时相比，多出1个小时。

人类时代的地球

人类时代大致出现在两次全球超级大陆纪元的中间。即便如此，超级大陆在人类时代也是存在的。我们所说的亚欧大陆就是一个超级大陆，欧洲沿着乌拉尔山脉一线与亚洲相接，然后沿着喜马拉雅山脉一线与印度次大陆相连。大多数其他的大洲是单独的陆地，嵌在它们各自所属的板块中。

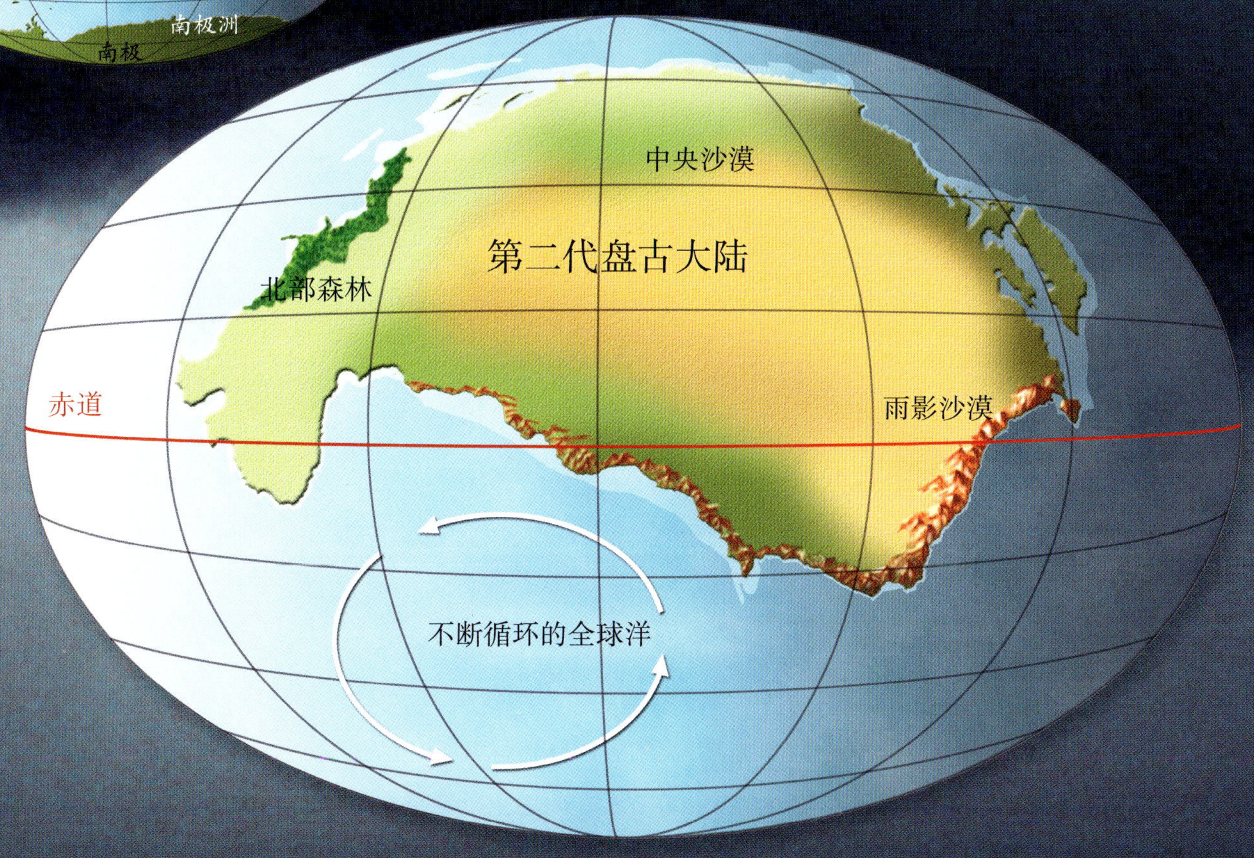

第二代盘古大陆，新的超级大陆

在新的超级大陆中，只有大陆边缘才能享受温和的气候，因为在这里，海洋可以发挥调节气候的作用。新的超级大陆中最明显的环境特色，就是位于大陆中央广阔的内陆沙漠。大陆边缘的气候取决于海洋的活动。在遥远的西北部是一片繁盛的森林，西风给这一区域带来了持续的雨水。在大陆的东南角却十分干旱，沿海山脉造就了雨影沙漠，与大陆中央的大沙漠连成一片。

中央沙漠

中央沙漠的面积比人类时代的北美洲还要大一些。这是地球上出现过的最大的沙漠，极度的高温和干旱造成了难以想象的艰难生存条件。太阳炙烤着沙海，将石头烤裂，让石子破碎。白天，温度上升至50摄氏度，异常灼热；晚间，由于吸收的热量消散，气温降至零下30摄氏度，寒冷刺骨。然而，即使在这样的条件之下，我们也可以找到生命。即便在这样极端严酷的环境中，动植物也通过进化找到了生存之道。

正在进行中的演变

和其他昆虫一样，中央沙漠的泰拉虫适应能力很强，在极端的气候中生存了下来。因为体形小，它可以在非常小的空间里生活。它的身体外部有坚硬的壳，可以保护柔软的内脏并保存水分，避免水分在极端干旱的环境中被蒸发。

泰拉虫巢穴

在中央沙漠，看起来像用混凝土做成的尖塔和堡垒随处可见。这些是泰拉虫的巢穴。从这些巢穴的复杂结构中，你可以看出泰拉虫社会结构的复杂性。开挖的孔道直达地下的岩石，可以通到任何有水的地方。收集的水蒸发之后，水汽在巢穴内循环，让巢穴保持凉爽。巢穴的顶部是温室，即带透光窗户的塔尖，那里种着绿藻，可以提供食物和氧气。这些工作由泰拉虫巢穴中不同的成员承担。

运水工：就像水袋一样把水储存在体内，将水运送到巢穴内。

建造工：负责建造尖塔。

战士：负责防务。

穿石工：负责开挖隧道并找到地下水。

搬运工：负责搬运那些无法行走的成员，比如运水工和战士。

护理工：负责为蚁后收集食物。

最后是蚁后，专门负责繁殖后代。

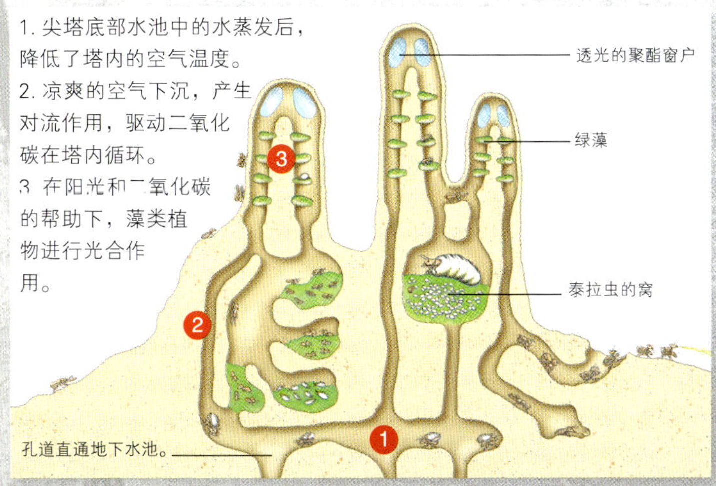

泰拉虫

在干旱贫瘠的不毛之地，最成功的动物要属昆虫了，而昆虫中专业性最强的就是泰拉虫。它们从白蚁进化而来，和白蚁一样，它们也是社群性动物。它们建立了一个这样的社会体系：蚁后负责繁衍后代，其他泰拉虫致力于保障这个社会群体的正常运行，而不是只顾自己。在这个社会群体中，所有的成员被归为不同的阶级，每个阶级会专门负责某项工作，而且也只承担这项工作。

秘密地道

水分从哪来？我们知道，中央沙漠的动物可以应对极端的气候条件，但是它们要生存下来仍然离不开水。虽然中央沙漠与海洋距离十万八千里远，但不管怎样，水分最终依然来自海洋。在第二代盘古大陆的海岸线上，降雨持续冲刷临海的坡面。没有冲入大海的雨水渗入地下岩石。水沿着地下岩石渗透，最终汇入由多孔岩构成的含水层中。在中央沙漠的大部分地底，都可以找到这种含水的多孔岩。正是这些地下水，为这里的生物提供了水分。

漩涡虫

像过去一样，蠕虫和藻类建立了共生关系。在人类时代，有一种名叫“漩涡虫”的绿色海生蠕虫，其体内的绿叶素来自绿藻。大部分时间它们都躲在沙子里，但是到了白天潮落时，它们会从沙子里冒出来，躺在沙丘上，形成一块块明显的绿色。由于缺乏消化系统，它们依赖体内的绿藻来制造所需的养分。作为回馈，绿藻可以从漩涡虫的身体排泄物中取得营养。

光合作用

植物需要水分、二氧化碳和阳光来制造养分。在光的作用下，植物将根系吸收的水分和空气中的二氧化碳转化为植物生长必需的糖分。这个过程就被称为光合作用。以花园虫体内的藻类为例，藻类产生的糖分超出自己的需要，多余的部分就被输送给了花园虫。

花园虫

在荒芜的中央沙漠，生存大战最著名的励志主角之一当属多毛纲动物了。这种俗称“毛足虫”的动物的身体由许多体节组成，在人类时代是常见的海生生物，生活在沙子里、珊瑚礁上或海里。然而现在，它们只能在地下深处寻找水分。

有一种很特别的多毛纲动物名叫“花园虫”，其生活习性更像植物，而不是动物。花园虫的体内长有可以进行光合作用的绿藻组织，这些绿藻组织集中在花园虫长得像叶片的体节里。当花园虫在阳光下伸展开“叶片”时，绿藻组织就可以制造糖分和其他养分。其中一些养分作为基本的食物供给，被直接输入花园虫的组织内。

全球洋

当世界上所有的陆地连成一个超级大陆，所有的海洋也一定会形成一个超级大洋。我们可能会想，海中巨量的海水会维持稳定的生态环境，但事实并非如此。在温室地球结束之时的生物大灭亡时期，也就是人类时代的1亿年之后，海洋遭受的破坏跟陆地一样严重。火山灰遮蔽了太阳光，由毒气形成的酸雨消灭了浅层水域的大多数生物。真正得以幸存的，是那些能够在深海找到庇护所的动物。

全球洋十分辽阔，其中心与陆地的距离至少是1.6万千米。由于水汽难以到达内陆，导致了地球的极端天气。因为地球自转的影响，吹向赤道低气压带的恒风风向发生偏移，向偏西的方向吹去。随后，恒风驱动洋流向西流动。大气运动导致海洋的环流——洋流的巨大循环。

银壳虾

全球洋最常见的海洋生物是银壳虾。从本质上讲，这些银壳虾就是停止发育的甲壳纲幼体。在人类时代，螃蟹和龙虾之类的甲壳纲动物的食物非常单一，它们的幼体却截然不同，可以食用能找到的任何东西。生物大灭亡之后，这些多才多艺的幼体在未成熟时就能够生殖繁衍——也就是幼态延续现象。以此为基点，它们开始向着不同种类的生物进化。现在，银壳虾的种类跟人类时代鱼的种类一样繁多。

银壳虾剖面图

大多数银壳虾的剖面图相似，其头部和身体覆盖着一层轻质防护外壳，带有刚毛的腿和触须从底部伸出来，分节的尾巴可以让它们在水中游动。基于这样的结构，银壳虾进化出了许多的物种。有些银壳虾身体呈泪滴状，在广阔的浅海中巡游；有些长着扁平的头部，在海床上觅食；有些银壳虾的形状和大小与古鲸鱼类似，在海中慢悠悠地游弋，以浮游生物为食；有些则小得像蠕虫，寄生在较大的银壳虾上。它们的生活习性各不相同。

在全球洋的脊椎动物中，翼飞鱼也许是最成功的佼佼者。海洋栖息地中的成群海鸟早已销声匿迹，它们的生态位将被其他生物所取代。这些生物就是鱼类。少数硬骨鱼经历生物大灭亡后存活了下来，进化出了各种各样的特殊习性。其中有一种鱼，其祖先是鳕鱼，它开始呼吸空气，培养了飞行的能力，能快速追逐海浪，捕食海浪中更小的猎物。它的胸鳍进化成翅膀，鳃则进化成了肌肉，为飞行提供动力。这种生物就是翼飞鱼。

始祖鸟

始祖鸟是最早的鸟类，也是最成功的飞行脊椎动物。早期曾出现过可以滑翔的爬行动物，但始祖鸟是最早通过扇动翅膀飞行的脊椎动物。

飞行的演变

飞行在地球的进化史上出现过多次重大的演变。鸟类的祖先是恐龙，恐龙的胳膊进化成翅膀，鳞甲演变为羽翼；昆虫将一些节肢上的突起物演变为翅膀，将其他节肢上的突起物演变成腿；蝙蝠的前肢演变为翅膀，皮肤进化成了可飞行的膜。和所有的动物一样，翼飞鱼将自身的部分结构，即胸鳍，进化为翅膀。

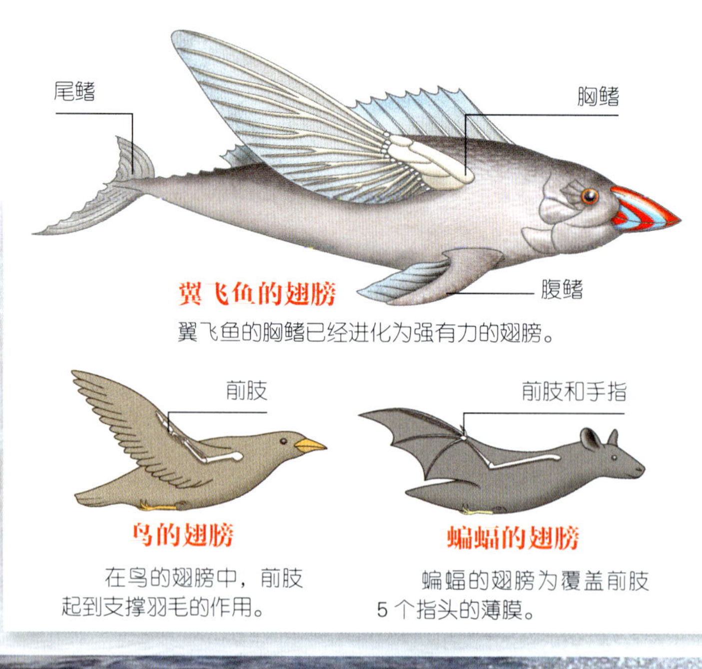

翼飞鱼的翅膀

翼飞鱼的胸鳍已经进化为强有力的翅膀。

鸟的翅膀

在鸟的翅膀中，前肢起到支撑羽毛的作用。

蝙蝠的翅膀

蝙蝠的翅膀为覆盖前肢5个指头的薄膜。

海洋翼飞鱼

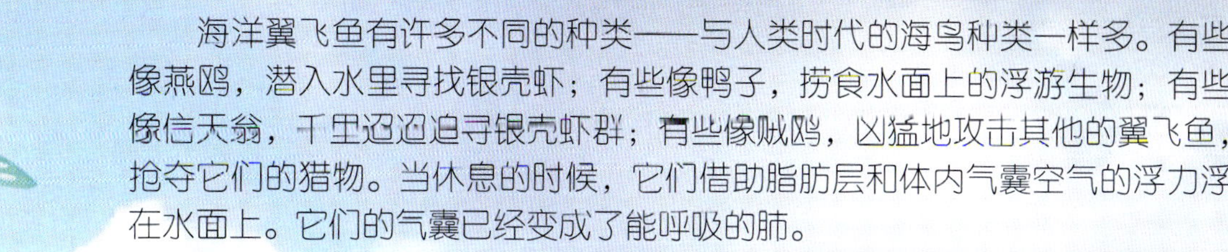

海洋翼飞鱼有许多不同的种类——与人类时代的海鸟种类一样多。有些像燕鸥，潜入水里寻找银壳虾；有些像鸭子，捞食水面上的浮游生物；有些像信天翁，千里迢迢追寻银壳虾群；有些像贼鸥，凶猛地攻击其他的翼飞鱼，抢夺它们的猎物。当休息的时候，它们借助脂肪层和体内气囊空气的浮力浮在水面上。它们的气囊已经变成了能呼吸的肺。

荧光狂鲨

地球生物进化最成功的典范之一就是鲨鱼。鲨鱼的进化始于泥盆纪，即人类时代之前的 4 亿年。它们的体形很简单——身体呈流线型，摆动尾鳍向前游动。其生活习性也很简单，就是不停地游来游去，然后食用能找到的任何东西。正是由于这种“简单”，它们在生物大灭亡中幸存了下来。在全球洋里，鲨鱼仍然是主要的捕食者，其中就包括可怕的荧光狂鲨。

根据体形，我们一眼就能认出荧光狂鲨就是一种鲨鱼。然而，它的生存策略与古鲨鱼有些不同。由于全球洋的物产无法跟过去的海洋相提并论。为了找到食物，荧光狂鲨常常需要远洋游行。当找到食物之后，它需要运用一种复杂的信号系统，与自己的同伴交流信息。其身体两侧长有生物荧光片，可以接收并传递信号给距离自己较远的同伴。然后，它们就可以一起追击目标猎物啦。

彩虹鱿

全球洋中最大的动物是彩虹鱿。它的身体长达20米，触腕向前伸展开来跟体长相近。和多数大型动物不同的是，彩虹鱿是凶猛的捕食者，嘴巴呈鹰钩状，可以撕裂任何猎物。和许多鱿鱼一样，它可以改变体色，并利用体色的变化偷偷接近猎物。有时候，它会模仿海浪的波光，这样接近猎物时就不易被察觉。有时候从上往下看，它背上的图案看起来像银壳虾群。当翼飞鱼飞过来准备享用“美食”时，彩虹鱿的触腕就突然伸展出来，一把将翼飞鱼拖进海里。

变色

彩虹鱿利用皮肤内专门的色素细胞达到变色的目的。通过隐藏或暴露这些细胞，彩虹鱿可以改变颜色和外观。按照特定的次序改变颜色，就可以形成变色图案。彩虹鱿可以在图案中添加生物荧光，扩大可视的范围，增加图案的复杂性。

雨影沙漠

地球自转变慢和太阳光照射强度的增加，导致全球洋表面的酷热。水的升温使得异常猛烈的飓风频繁发生，其中不乏超级飓风。超级飓风风速达到每小时 400 千米，卷起 20 米高的巨浪疯狂地拍打海岸。潮湿的飓风在第二代盘古大陆的边界制造了持续的暴雨。但是在东南海岸，一条山脉阻挡了飓风前进的道路。所有的雨水都沿着临海山坡倾泻而下，只剩干燥的风翻越山顶到达内陆。

雨影沙漠名称的来源

当携带水汽的风从海上吹向大陆时，往往沿着海岸高山的侧面往上爬升。在爬升的过程中，空气变得更稀薄，温度下降。在这样的情况下，空气无法保留大量水分，水汽凝结，变成雨降落下来。继续翻越高山进入内陆的空气没有携带水分，在背风处，也就是“雨影”里，就形成了沙漠。

飓风

热带海洋上空的暖空气膨胀并开始上升。在上升过程中，外围密度更大且更凉爽的空气不断流入补充，受地球自转的影响，流入的空气旋转起来，结果，强劲的潮湿气流源源不断地涌入暖风中心。接着，整个风系朝着气流常规运动的方向前进——通常是向西运动。这就是我们所说的飓风。

沙漠跳蜗

第二代盘古大陆东南角的雨影沙漠并非寸草不生。通过将根系向下延伸至湿润的岩层（水通过高山的迎风面渗入岩层），一些生命力顽强的植物生存了下来。以这些植物为食的是一种蜗牛，名叫“沙漠跳蜗”。它站立时有 30 厘米高——用“站立”这一词是因为沙漠跳蜗不同于其他蜗牛，它是直立的，而不是趴在地上。它的腿上长着发达的肌肉，使它可以在沙漠里跳跃前进。与在地上爬行的祖先相比，用这种方法，沙漠跳蜗可以更高效更快捷地向食物集中的地方移动。

尽管雨影沙漠植物稀少，但食物来源并不少，沿海高山迎风面持续的飓风带来了源源不断的有机物质。通常情况下，被飓风从海面上刮过来的是浮游生物。有时，飓风也会带来更大的东西。整条翼飞鱼就很有可能被飓风卷入空中，越过山脉，掉到雨影沙漠里。通过这种方式，整个鱼群都可能被投放到这里，形成“翼飞鱼空难”。雨影沙漠里的一些动物经过进化，专门依赖这些从天而降的食物为生。靠这些“天降之物”生存的任何生物，都具有超级发达的感官，可以在茫茫大漠中找到四处分散的食物。碰撞虫就是其中的代表。它装备着灵敏的嗅觉感应器，可以在数百米之外闻到死鱼的气息。从某种意义上讲，长着翅膀的碰撞虫只是幼虫的搬运工而已。

碰撞虫

碰撞虫没有口器，也没有消化系统。在这种情况下，它的存活时间不超过一天，它唯一的生存目标就是将幼虫带到有食物的地方。

阴森虫

碰撞虫的幼虫即阴森虫，口器呈吸盘状，吸盘里有锯齿。阴森虫可以钻孔，进入到翼飞鱼的肉里。最终，翼飞鱼只剩下坚硬的鱼皮，鱼皮完好无损，可以帮阴森虫隔离沙漠猛烈的阳光。在鱼皮里面，阴森虫既可以进行无性生殖，又可以进行有性生殖。起初，一旦它们在翼飞鱼的尸体内安了家，就会进行无性生殖，即不需要交配，先产卵，然后将卵孵化成许多一模一样的幼虫。一些幼虫发育成雄性，一些幼虫发育成雌性。发育成熟后，雄阴森虫会去找雌阴森虫，而雌阴森虫就待在原地等着其他的雄阴森虫找来，并与它们交配。最终，最强壮的雌阴森虫会吃掉所有其他的阴森虫，然后在鱼皮里化成蛹，最后变成碰撞虫。

碰撞虫的生命周期

1. 碰撞虫（成虫）寻找翼飞鱼尸体，并在上面着落。

2. 阴森虫（幼虫）从即将死亡的碰撞虫体内破体而出，开始吞食鱼肉。

3. 在幼虫阶段，阴森虫就开始进行繁殖，很快，翼飞鱼的尸体里到处都是幼小的阴森虫。

4. 雌阴森虫留在鱼皮内，而雄阴森虫跑到别的鱼皮内，与那里的雌阴森虫交配。

5. 最强壮的雌阴森虫吃掉了鱼皮内所有其他的阴森虫，然后化成蛹。

6. 已经孕育幼虫的碰撞虫（成虫）破蛹而出，飞到别处去寻找新的翼飞鱼尸体。

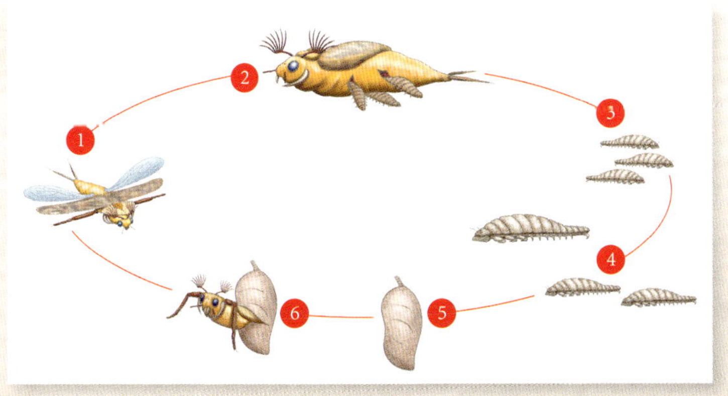

北部森林

持续的西风将潮湿的空气带到第二代盘古大陆的西北角。和东南角不一样的是，这里没有山脉的阻挡。从沿海向内陆绵延数百千米的地方，终年被乌云覆盖，大雨下个不停，将这一片区域淋得透湿。降水流经被繁盛森林环绕的沼泽与溪流，汇入大河，最后又回到大海里。与人类时代不同的是，这里的森林并不是针叶林或阔叶林，而是一片长满地衣的森林——真菌和藻类共生一处，互相依靠，各取所取。

森林翼飞鱼

森林中的飞行生物是海洋翼飞鱼的亲戚，即森林翼飞鱼。它像人类时代的鸟儿一样，在森林中飞来飞去。从构造来看，它们与海洋翼飞鱼相似，而且种类繁多。有些森林翼飞鱼体形很小，长有像蜂鸟一样鲜艳的羽毛；有些体形大一些，长有像犀鸟一样坚硬的鸟嘴，可以啄开地衣树的孢囊；有些颜色较暗，长有灵活的宽大翅膀，可以像老鹰一样捕食小动物。森林里回荡着它们的歌声，但这歌声不像鸟鸣，更像蟋蟀的叫声。发声时，它们会用牙齿敲击残存的鳃弓。

正在进行中的演变

最小的森林翼飞鱼看起来更像人类时代的蜂鸟。寻找食物时，它可以快速飞行，或在空中盘旋，从地衣树干上捕捉小昆虫。飞行时，它的翅膀在1秒内可以连续扇动30次，所以你根本看不清它的翅膀。我们从它鲜艳的颜色来区别它的品种。休息时，它会倒挂在树枝上，腹鳍像钩子一样牢牢地钩住树枝，这时它更像古代的蝙蝠，而不是鸟类。

充满生机的雨林

在森林中，地衣树的树干由枯死的真菌须根组成，由于真菌的不断生长，根须往下沉。光合作用由地衣树上的藻类承担，藻类将“枝叶”伸展到潮湿的空气中，尽情地吸收阳光。

从海洋到陆地

在人类时代，主要的大型陆生动物是脊椎动物。脊椎动物体内复杂的骨骼结构可以帮助它们应对重力，肺可以帮助它们从呼吸的空气中提取氧气。然而现在，大型脊椎动物的时代一去不复返。大部分大型脊椎动物在人类时代1亿年后的生物大灭亡中灭亡。

和所有其他动物一样，脊椎动物由海生动物进化而来。鱼类将游泳的鳍进化为走路的四肢，鱼鳔进化为肺。凭借相似的改造，其他生物也离开水，成为陆生动物。现在，在人类时代之后的2亿年，另一批动物登上陆地成为大型陆生动物——过去，它们从未离开海洋。这些动物就是头足类动物，比如章鱼和鱿鱼。

大王陆鱿

这时最大的动物是大王陆鱿，它的身高超过大象。它在地衣树森林中横冲直撞，从树丛中或地面上，将带孢子的树枝和其他能找到的任何有营养的植物不停地往嘴里送。

大王陆鱿的身体

大王陆鱿保留了其海洋祖先的大部分特征，但这些特征被应用于陆地生活。其体重由6条由扁平肌肉构成的腕支撑，原先的吸盘进化成为角质箍将肌肉连在一起。套膜底下的腔室进化成了肺，里面有个看起来像鱼鳃、柔软得像羽毛一样的结构，可以从空气中吸收氧气。一对像大象鼻子的触腕伸出去，可以帮它抓取食物。前额一个看起来像气球的气囊鼓起来，可以发出很大的声响，听起来就像青蛙声囊振动发出的声音。

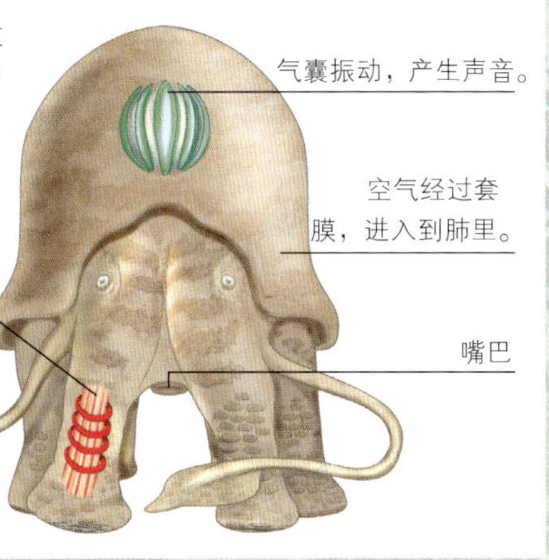

捷树鱿

鱿鱼的另一个后代是捷树鱿，它生活在地衣树的树干上。其生活习性像过去的猴子，利用柔韧的触腕在树枝间荡来荡去，一个接一个地翻着筋斗。它们的眼睛炯炯有神，密切注视着周围的动静。

它们可以敏捷地逮住飞过的森林翼飞鱼。捷树鱿喜好群居，在树枝中搭建像鸟窝一样的巢穴。它们十分聪明，可以使用自制武器保护自己的巢穴。它们将树枝当作棍棒；将地衣树所结的果子当飞弹，朝那些粗笨的大王陆鱿猛砸过去。当捷树鱿成群结队外出觅食时，留在巢穴中的捷树鱿会帮着照顾幼崽。与人类时代以来进化的生物相比，它们的智力跟人类最接近。

生物集锦

憨鲣鲸鸟（500 万年后）

憨鲣鲸鸟是一种体形庞大的鸟，住在北欧冰冷的海洋里。它们一生中的大部分时间都待在水里。

绵毛巨鼠（500 万年后）

绵毛巨鼠是北欧的一种哺乳动物，爪子像熊掌，体表覆盖着厚厚的皮毛，可以抵御寒冷。

雪原秘兽（500 万年后）

雪原秘兽是北欧的一种哺乳动物，在积雪覆盖的平原上徘徊。它的牙齿又长又锋利，皮毛为白色。

隐色蜥蜴（500 万年后）

隐色蜥蜴是一种蜥蜴，生活在地中海盆地。它的脖子上长着具有黏性的大斗篷，用来捕获猎物。

葛莱肯貂（500 万年后）

葛莱肯貂是一种喜好独居的食肉哺乳动物，长着锋利的长牙，在地中海盆地的岩沟中觅食。

史烤法猪（500 万年后）

成群的史烤法猪在地中海盆地的岩沟中觅食，它们是野猪的后代。

猎猴鸟（500 万年后）

猎猴鸟是一种鸟类，靠锋利的爪子和长嘴巴捕食，是亚马孙大草原上跑得最快的动物。

狒秃猴（500 万年后）

狒秃猴是一种智商很高的猴子，脸呈红色，尾巴又直又长。它们生活在亚马孙大草原上。

草原鳞鼠（500 万年后）

草原鳞鼠是啮齿类动物，长着坚硬的鳞片，摇动起来咯咯作响。在亚马孙大草原肆掠的大火中，鳞片是它天然的防火屏障。

沙漠鳞鼠（500 万年后）

这种啮齿动物比它的草原近亲更大一些，体表的鳞片却更小一些，以形成绝缘保护层，使它免受严寒的侵害。

死神蝙蝠（500 万年后）

死神蝙蝠是一种巨大的肉食性蝙蝠。它在北欧沙漠的上空飞行，寻找地上的猎物。

史宾雉（500 万年后）

史宾雉是一种鸟，不会飞但会刨土，体形像鼹鼠，翅膀进化为挖掘用的铲子。

礁石蛞蝓（1 亿年后）

多彩的礁石蛞蝓在浅海的礁石上觅食。它的祖先是海蛞蝓，海蛞蝓的体形很小，但礁石蛞蝓的大小跟海豹相当。

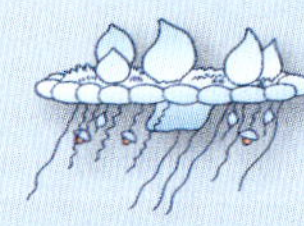

幽灵水母（1 亿年后）

幽灵水母漂浮在浅海上。它不是一只水母，而是许多只水母组成的巨大群落，其成员协同合作，一起谋生。

细腿海蛛（1 亿年后）

细腿海蛛是海蜘蛛的后代，生活在幽灵水母的触手中。

放电鱼（1 亿年后）

放电鱼潜伏在孟加拉沼泽的浑水中，等待猎物的出现。它利用猛烈的电击将猎物击晕。

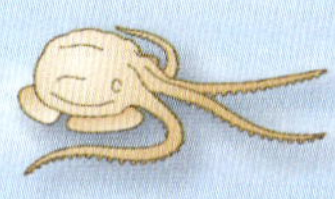

沼泽章鱼（1 亿年后）

沼泽章鱼是一种大型章鱼，生活在孟加拉沼泽里，可以在陆地上生存几天的时间。

巨龟（1 亿年后）

巨龟生活在孟加拉沼泽里，是可以在陆地上行走的最大的动物。与自己的祖先——小小的陆龟相比，巨龟太不一样啦！

喷火鸟（1亿年后）

喷火鸟住在南极森林里，是捕虫鸟的近亲。当遭到威胁时，它会朝对方喷射酸性液体。

捕虫鸟（1亿年后）

捕虫鸟是一种颜色鲜艳的小型鸟类，视力超棒，翅膀短小，可以在南极森林中急速穿梭。

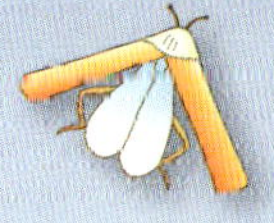

喷火甲虫（1亿年后）

喷火甲虫是一种色彩鲜艳的昆虫。4只喷火甲虫聚在一起构成花朵的形状，目的是引诱南极森林中的鸟儿。

隼蝇（1亿年后）

隼蝇是一种巨大的黄蜂，使用强有力的爪子和强壮的后腿去抓捕猎物，以南极森林中的鸟类为食。

蓝色追风鸟（1亿年后）

蓝色追风鸟是一种鸟类，它长有两对翅膀，而不是一对哦！它在大高原的高空翱翔，飞行时甚至可以打会儿盹呢。

银蜘蛛（1亿年后）

银蜘蛛在大高原上编织了巨大的蛛网。它的身体呈亮晶晶的银色，可以反射毒辣的太阳光。

波格鼠（1亿年后）

波格鼠是地球上仅存的哺乳动物。它长着大大的眼睛和柔软的皮毛，住在大高原的地洞里。

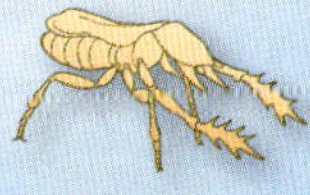

泰拉虫（2亿年后）

泰拉虫是一种小型昆虫。它由人类时代的白蚁进化而来，住在中央沙漠巨大的土堆中。

花园虫（2亿年后）

花园虫住在中央沙漠的洞穴中。它利用叠在身后、长长的绿色躯干来自制食物。

银壳虾（2亿年后）

银壳虾是海洋生物，有坚硬的外壳和许多长有刚毛的长腿，在全球洋中随处可见。

海洋翼飞鱼（2亿年后）

海洋翼飞鱼是全球洋上空的主宰。它的祖先是鱼，其鱼鳍进化成翅膀，从而飞上了蓝天。

荧光狂鲨（2亿年后）

荧光狂鲨是人类时代鲨鱼的近亲，外形也跟鲨鱼相似，是全球洋的主要捕食者。

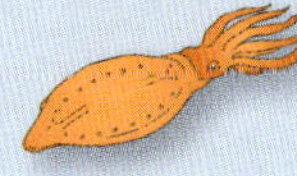

彩虹鱿（2亿年后）

彩虹鱿是一种巨大的海洋动物， 因身体能呈现奇异的色彩而得名。

沙漠跳蜗（2亿年后）

沙漠跳蜗是一种大型蜗牛，借助强健的腿在地上跳跃前进。它以雨影沙漠中粗硬的植物为食。

碰撞虫（2亿年后）

碰撞虫是一种昆虫，在雨影沙漠的上空飞来飞去。它的寿命不到一天。

森林翼飞鱼（2亿年后）

森林翼飞鱼的颜色非常鲜艳，生活在北部森林里。它是鱼的后代，但可以像鸟类一样飞翔。

大王陆鱿（2亿年后）

大王陆鱿是一种鱿鱼，体形巨大无比，可以呼吸空气，在北部森林中横冲直撞。其体形及体色与大象类似。

捷树鱿（2亿年后）

捷树鱿是鱿鱼的后代，智力超群，身手敏捷，生活在北部森林高高的大树上。

术语表

适应变化：生物慢慢发生改变，以适应周围的地理环境和气候条件。

藻类：一种在水里生长的简单植物，没有根，也没有叶子。海藻就是藻类植物。

祖先：动物的祖辈。例如，恐龙可能是鸟类的祖先。

人类时代：人类的时代，未来人类存活多久，人类时代就会持续多久。

软流圈：地幔中的液态层。在板块运动中，板块就在这个液态层上移动。

食肉动物：吃肉的动物。

细胞：动物或植物的最小组成单位。大多数动物由不计其数的细胞组成，最简单的生物只有一个细胞。

化合物：被动物和植物用来与其他物质发生反应的物质。进行自我防卫时，喷火甲虫会喷射出一种致命的化合物。

气候：地球上某一地区多年时段大气的一般状态。

群落：在一起居住和生活的一大群生物。

大洲：地球上的一块大的陆地。世界上有7个大洲，分别是非洲、亚洲、欧洲、北美洲、南美洲、大洋洲和南极洲。

地壳：地球坚硬的外层。

洋流：在海里从一个地方流到另外一个地方的水流。

后代：动植物的后裔。

赤道：一条虚构的线，存在于地球中间。

进化：数百万年间，慢慢发展或者慢慢改变。当动植物进化时，它们可以变成新的物种。

灭绝：不再活在地球上。当地球上不再有这种动物时，该动物就灭绝了。

沃土：适宜植物生长的土壤。

化石：保存了古老动植物遗体的石头。

鱼鳃：水生动物用来呼吸的特殊器官。

冰川：缓慢移动着的巨大冰块。

山峡：狭窄的、深邃的峡谷。

栖息地：动植物生活的自然环境。

食草动物：吃草的动物。

昆虫：小型动物，长有6条腿，体表有硬壳。许多昆虫有翅膀。

岩石圈：地球结构中最外层的坚硬部分，由地壳和地幔的顶部组成。在地表移动的地球板块就是由岩石圈组成的。

哺乳动物：是恒温动物，比如人、狗和鲸鱼，会生产后代，并给后代哺乳。大多数哺乳动物都有毛发。蝙蝠是唯一能飞的哺乳动物。

地幔：地壳和地核之间厚厚的中间层。

拟态伪装：模仿其他物体或动物的外观，其目的是自我保护或捕食猎物。

矿物质：是一种自然物质，是岩石的组成成分。盐和煤都是矿物质。

生态位：每种生物都有生态位，其组成要素包括生活的环境、食物结构及生存的必要条件。当生态位空缺时，生物就会通过进化来补位。

营养物：帮助动植物生长的物质。

杂食动物：以植物和其他动物为食的动物。

器官：动物体内具有特定功能的结构。肺就是动物用于呼吸的器官。

有机体：指生物个体，比如植物或动物。

氧气：空气中的一种气体，是动植物生存的必要物质。

光合作用：绿色植物的叶绿素在光的照射下把水和二氧化碳合成为有机物质并放出氧气的过程。

板块：是一块巨大的地壳，浮在地幔的液态层上。

高原：通常指高地中的平原地区。

极地：地球的两端。

捕食者：捕食其他动物的动物。

猎物：被其他动物捕获、充当食物的动物。

礁石：靠近海面、大片的水下岩石或珊瑚礁。

爬行动物：一种冷血动物，表皮有鳞甲，通过产卵繁殖后代。蛇和蜥蜴都是爬行动物。

啮齿动物：一种小型哺乳动物，长有长长的前牙，适于撕咬。老鼠和松鼠都是啮齿动物。

物种：体征相似，可以一起繁殖后代的一群植物或动物。

共生关系：互惠互利的两种生物的亲密关系。

飓风：一种暴风，带有猛烈的气旋。

迟缓状态：动物的半休眠状态，例如蝙蝠利用这种状态来节约能量。

冻原：指没有长树的平坦地带，地上常年覆盖着冻土。

山谷：高山之间的低地。

翼展：飞行动物的翅膀张开之后，从一个翅膀尖端到另一个翅膀尖端的距离。

《狂野未来》感谢以下科学顾问的支持：

Professor Robert McNeill
Alexander
(chief scientifi c advisor)Professor Emeritus of Biology / University of Leeds, UK

Dougal Dixon
Scottish Geologist and Author

Professor Stephen Palumbi
Professor of Biology & Director of The Hopkins Marine Station / Stanford University, USA

Professor Richard Fortey
Department of Paleontology / The Natural History Museum, UK

Professor William F. Gilly
Professor of Cell and Developmental Biology and Marine Biology / Stanford University, USA

Dr. Leticia Avil é s
Associate Prof., Department of Ecology & Evolutionary Biology / University of Arizona, USA

Dr. Philip J. Currie
Head of Dinosaur Research Program and Curator of Dinosaurs and Birds / Royal Tyrell Museum of Paleontology, Canada

Professor Stephen Harris
Mammal Research Unit / University of Bristol, UK

Mike Linley
Herpetologist / Hairy Frog Productions, UK

Dr. Roy Livermore
British Antarctic Survey, UK

Professor Karl Niklas
Liberty Hyde Bailey Professor of Plant Biology / Cornell University, USA

Professor Dr. Jeremy Rayner
Alexander
Professor of Zoology / University of Leeds, UK

Professor Bruce Tiffney
Professor of Geological Sciences / University of California, USA

Professor Paul Valdes
Department of Meteorology / University of Bristol, UK

Dr. Christiane Denys
Paleontologist / Museum National d' Histoire Naturelle, Paris, France

Professor Michael Archer
Dean of Faculty of Biology / University of New South Wales, Australia

Dr. James Sweitzer
Astrophysicist / Principal of Science Communication Consultants

Professor Stephen Sparks
NERC Research Professor / University of Bristol, UK

Professor Kurt Kotrschal
Zoological Institute / University of Vienna, Austria

Professor David Beerling
Professor of Palaeoclimatology / University of Sheffi eld, UK

未来是什么样子？

大自然不会一成不变。环境会不断发生变化，而动物和植物也会随之发生变化。新的环境将会出现，能够适应新环境的动物和植物也会成长起来。也许那时又会出现像人类一样的智慧生物，还有复杂的社会体系和高科技。第二代盘古大陆不会永远不变。数百万年之内，地球的板块运动会再一次将大陆板块分离，产生更多单独的大陆以及各自独有的生存环境。这其中只有一件事情是千真万确的，那就是未来比我们现在想象的要狂野得多。